配电网安全运行
典型案例分析

国网四川省电力公司电力科学研究院　组编
常晓青　主编

内 容 提 要

本书从现场实际出发，以理论分析作为基础，结合专业技术人员宝贵经验，汇编历年来解决的配电网实际运行案例。希望专业技术人员通过本书，对配电网常见安全问题有一个全面的理解，实际运行中面临类似问题时可以科学决策、从容处理。

本书共分 4 章，分别是电能质量引发的供电安全问题、接地方式引发的安全问题、薄弱电网安全运行问题以及配电网运行其他典型问题。

本书可作为配电网运行管理人员、规划设计人员、专业技术人员的参考用书。

图书在版编目（CIP）数据

配电网安全运行典型案例分析 / 国网四川省电力公司电力科学研究院组编；常晓青主编. —北京：中国电力出版社，2023.3（2024.6 重印）

ISBN 978-7-5198-6922-9

Ⅰ. ①配… Ⅱ. ①国… ②常… Ⅲ. ①配电系统－电力系统运行－案例 Ⅳ. ①TM727

中国版本图书馆 CIP 数据核字（2022）第 157565 号

出版发行：中国电力出版社
地　　址：北京市东城区北京站西街 19 号（邮政编码 100005）
网　　址：http://www.cepp.sgcc.com.cn
责任编辑：罗　艳（yan-luo@sgcc.com.cn，010-63412315）
责任校对：黄　蓓　王海南
装帧设计：张俊霞
责任印制：石　雷

印　　刷：北京雁林吉兆印刷有限公司
版　　次：2023 年 3 月第一版
印　　次：2024 年 6 月北京第二次印刷
开　　本：710 毫米×1000 毫米　16 开本
印　　张：8.75
字　　数：143 千字
印　　数：1501—2500 册
定　　价：58.00 元

编写人员名单

主　　编　常晓青

副 主 编　王　曦　陈　刚　魏　巍　丁理杰

编写人员　周　波　史华勃　姜振超　刘明忠

张　华　滕予非　徐　琳　唐　伟

周文越　张华杰　高艺文　林瑞星

石　鹏　吴　杰　孙昕炜　唐　伦

陈　振　王永灿　范成围　靳　旦

李　燕　刘雪原　郑永康

序

配电网是连接输电网与电力用户之间的重要纽带，与用户关系最为密切。长期以来，电网公司在推进配电网建设、保障配电网安全、经济、优质运行方面，开展了大量卓有成效的工作，无电人口用电问题全面解决、配电网运行可靠性得到显著提升。然而，配电网网络密集如织，运行方式复杂多变，且当前自动化程度相对较低，实际运行中，不同原因引起的各类安全问题时有发生，给配电网的安全运行带来了巨大的挑战，同时也给配电网的研究提供了丰富的素材。如何深入剖析实际运行中遇到的各类安全问题，追溯问题发生的本质原因，从而科学防范类似问题的发生，是摆在所有配电网从业人员面前的重要课题。从实际运行中出现过的问题入手，为配电网运行问诊把脉、破解症结，科学分析、科学决策、切实提高配电网安全运行水平，是保障电网优质供电服务的重要途径，也是公司推进新型电力系统建设的题中之义。

近年来，国网四川省电力公司电力科学研究院针对四川配电网实际运行中出现的各类安全问题开展了大量的技术分析工作，对指导实际电网运行起到了重要作用。本书整理付梓是从实际问题入手，为配电网安全运行分析破题的一次尝试。全书以不同类型的配电网安全问题为主线，甄选典型的实际案例分析，汇编成集。这些案例分析大都取材于四川电网发生过的实际事件，题材颇丰。其中，既有偏远地区弱联系电网自励磁风险案例，也有负荷中心敏感用户电压暂降案例；既有用户侧大功率异步电机启动问题案例，也有电网侧小电流接地系统安全问题案例；既有谐波放大导致电容器烧毁、35kV 电压互感器熔丝熔断等共性问题案例，也有景区计量装置异常等个性问题案例。所选案例虽非面面俱到，但若细加品读，确有见微知著之效。

本书并非对实际案例的简单罗列，书中对每一个案例都给出了较为详细的技术分析，通过理论推导或仿真复现，对问题发生的本质原因进行了探讨。作为一本应用型技术专著，本书虽未对配电网分析的基本理论专门着墨，但案例分析所涉及的方法和思想，都不乏这些理论的影子，甚至超出了传统配电网分析理论的范畴。“良剑期乎断，不期乎镆铘”，好的技术分析应该有期于解决实际问题，而不囿于繁复高深。理论的方法，只有在实践的沃土中才拥有强大的生命力。一方面，对实际问题的深刻理解，离不开科学理论的理性指导；另一方面，对理论方法的运用之妙，也离不开实践经验的感性启引。坚持问题导向，用科学的方法剖析和解决实际运行中出现的问题，同时在分析实际问题的过程中磨砺技术之剑，是提高配电网运行安全认知水平、促进配电网安全稳定运行的一次良性迭代，也是本书最大的特点。

若本书案例及分析能成为他山之石，为配电网运行管理人员、规划设计人员、专业技术人员提供参考，帮助他们在配网的运行管理、规划设计、技术研究等方面的工作更加科学、日臻完善，将会是本书最大的价值。

2022 年 11 月

前 言

随着我国经济社会的快速发展，人民的生活质量得到大幅改善，用电需求也随之增加，对电力系统安全运行能力提出了更高的要求。配电网是电力系统的重要组成部分，是对用户用电体验起到决定性影响的关键环节，如果配电网不能安全、优质运行，不仅会造成居民的正常工作和生活受到影响，企业的生产工作也会被迫停止，造成严重的经济损失和社会不良后果。据统计，当前发生的停电事件，大部分原因是配电网出现故障。目前，虽然我国电力技术在不断地进步发展，但是配电网运行过程中仍旧存在较多的问题，部分共性问题在多个配电网中反复出现，究其原因，主要在于现场技术人员难以将电力系统理论知识同现场实际情况相结合。因此，有必要通过案例的形式将配电网常见问题进行汇编，用更加通俗易懂的方式阐释配电网安全运行相关基础理论及故障处理方法。

基于上述背景，国网四川省电力公司电力科学研究院将历年来解决的配电网实际运行问题案例进行汇编，从现场实际出发，以理论分析作为基础，结合专业技术人员宝贵经验，对电能质量引发供电安全问题、接地方式引发安全问题、薄弱电网安全运行问题以及其他配电网典型问题进行了逐个案例分析。书中既有具体案例的详细描述和大量的现场数据，还有解决问题的基本思路和理论方法，对维持配电网安全、优质、经济运行可以发挥重要的作用，希望专业技术人员通过本书，对配电网常见安全问题有一个全面的理解，实际运行中面临类似问题时可以科学决策、从容处理。

全书共分为 4 章：第 1 章为电能质量引发的供电安全问题，通过 6 个案例详细介绍了配电网中最常出现的电压暂降、谐波、三相不平衡等电能质量问题及应对措施；第 2 章为接地方式引发的安全问题，列举了同塔双回线路感应电触电伤亡、消弧线圈告警、小电流接地系统的安全问题、站用变压器 35kV 侧三相电压不平衡问题、110kV 变电站 35kV 母线失电压事件、35kV 电压互感器熔丝熔断 6 个案例对配电网中因为接地问题引发的安全事故进行了深入的分析；第 3 章为薄弱电网安全运行问题，重点针对薄弱电网中新能源或常规电源接入可能导致的不稳定或者自励磁问题进行了研究，特别是针对自励磁问题提出三道防线的防控措施，具有很强的指导意义；第 4 章则是配电网运行其他典型问题，列举了计量装置异常、10kV 高压电机跳闸及风电场无功控制协调 3 个案例，对于实际配电网的安全运行有很好的参考指导价值。

本书由常晓青负责主编工作，国网四川省电力公司电力科学研究院专业技术人员负责各章节内容的编写及汇总。

由于编者水平及经验有限，书中难免有错误或不当之处，欢迎各位读者批评指正。

编　者

2022 年 10 月

目 录

第 1 章　电能质量引发的供电安全问题

1.1　电压暂降引发负荷切除事故

1.1.1　事件概况

2013 年 12 月 5 日 13:06 某 220kV 线路（变电站甲—乙二线，简称“A 线”）跳闸，1、2 号纵联保护动作，选相 B 相，重合不成功，天气大风。线路两侧分别为甲、乙两站，甲站 1、2 号保护测距分别为 9.02、10.82km。乙站侧测距 10.19、11.3km，故障录波测距 10.7km。

13:06～15:00，地调汇报丙 220kV 用户变电站甩负荷 160MW，原因为 4 号水泵故障引起整流变全部跳闸。

14:03，220kV 跳闸线路试送正常。

1.1.2　故障前系统运行方式

甲、乙、丙站电网拓扑关系如图 1－1 所示。

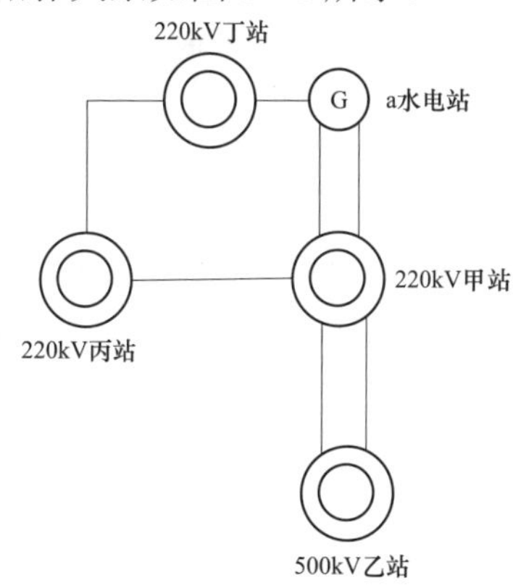

图 1－1　事故发生前系统拓扑结构

根据系统相关数据，故障前的运行方式为：

（1）乙 500kV 变电站双主变压器运行正常，500kV 侧电压为 532.3kV，下网有功功率 241MW。

（2）a 水电厂 4 号发电机开机，并满功率运行。1～3 号发电机组未开机。

（3）丙—丁 220kV 输电线路正常运行，而丙—甲 220kV 输电线路处于备用状态。

（4）丙变电站 220kV 母线电压为 230kV，下网负荷 160MW。

1.1.3 A 线跳闸故障形式及保护动作分析

A 线故障跳闸时，乙侧保护录波波形如图 1－2 所示。

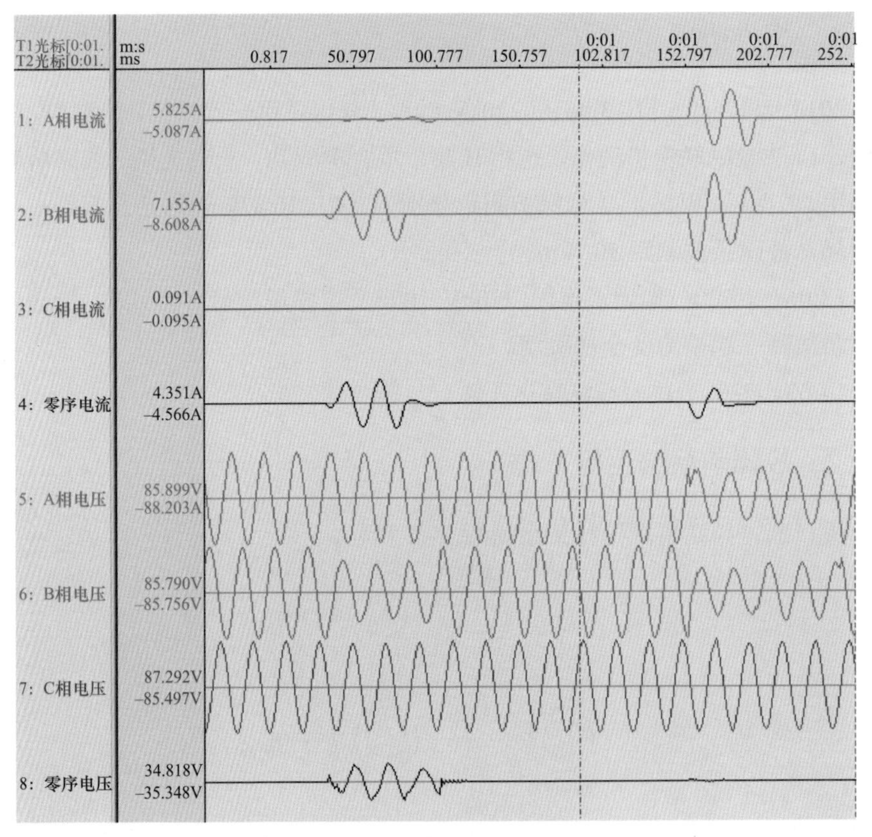

图 1－2 乙侧保护录波波形

由图 1－2 可知，2013 年 12 月 5 日中午 13:06:28，A 线出现了 B 相对地故障。从录波图中可见，B 相电流出现了明显的增大，而 B 相电压则下降至 70%。

纵联差动保护动作，两个周波后 B 相保护跳闸。

但是，值得注意的是，从波形图上可以看出，在 B 相发生故障的同时，A 相电流也有少量的增加。根据后续故障特性判断，此时已经出现了 A、B 两相之间高阻短路，但是由于 A 相电流未超过整定值，因此保护依然判断为单相接地短路，未闭锁重合闸。

由于保护未闭锁重合闸，B 相跳闸 1.1s 后，保护启动重合闸。但此时由于 A、B 两相之间，B 相对地之间的故障点并未消失。因此断路器重合闸于两相短路接地故障，重合闸失败，保护跳三相。重合闸期间，A 相电压降低至 50%左右，而 B 相电压则降低至 44.5%左右。乙侧断路器在重合闸两个周波后断开成功，而甲侧在四个周波后断开成功。

通过电磁暂态仿真计算发现，在本次故障情况下，丙 220kV 母线 A 相电压最大跌落了 48.24%，B 相电压最大跌落了 50.70%，正序电压有效值最大跌落了 35.03%，但电压跌落持续时间均小于 80ms。

1.1.4　跳闸事件梳理及原因分析

通过现场收资，获取了丙变电站丢失负荷时的现场工况，并对跳闸原因进行了解。丙 220kV 变电站的主接线图如图 1－3 所示。

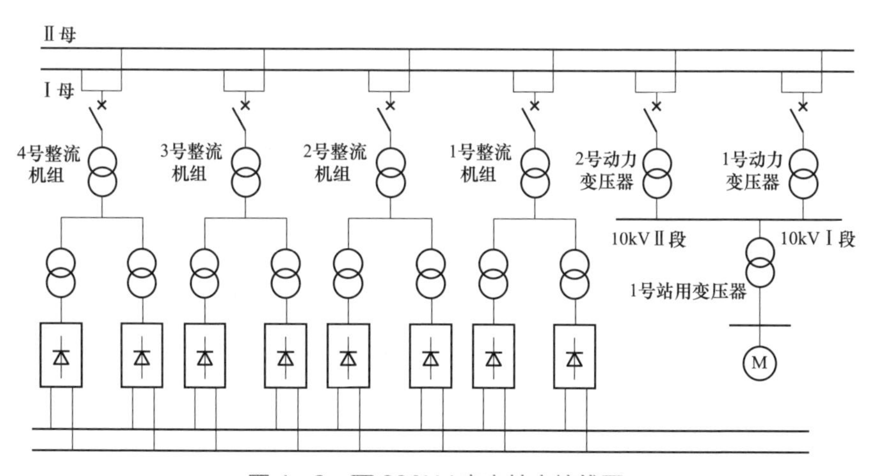

图 1－3　丙 220kV 变电站主接线图

由图 1－3 可知，丙 220kV 变电站有 4 套整流机组，分别由 4 台整流变压器进行供电。同时变电站有 2 个动力变压器，负责对厂区 10kV 以及 380V 母线供电。在跳闸事故发生前，丙 2 号整流机组停运检修，2 号整流变压器未投入。

1、3 号以及 4 号整流机组正常运行。另外，丙 1 号动力变压器停运，整个 10kV 的Ⅰ段、Ⅱ段母线由 2 号动力变压器供电。1 号站用变压器挂在 10kVⅠ段母线上，并对 4 号整流机组水泵供电。

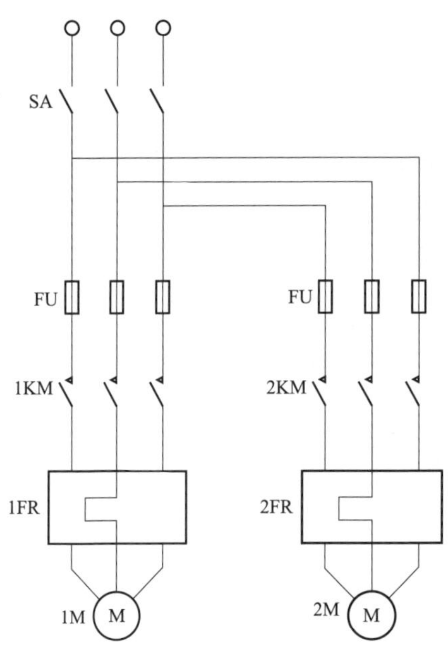

图 1－4　丙变电站水泵接线图

根据丙变电站值班记录，2013 年 12 月 5 日下午 13:06，“4 号整流机组水泵跳闸，4 号机组跳闸。1、3 号机组离极跳闸”。经询问，当时 4 号整流机组水泵低压接触器跳闸，根据逻辑联跳 1、2、3、4 号整流机组。同时，1、3 号机组的 PLC 失电，停发指令，导致 1、3 号机组离极跳闸。

丙变电站水泵接线图如图 1－4 所示。

丙变电站水泵从 380V 母线取电，采取一主一备的方式，两台水泵电机利用接触器 1KM 以及 2KM 进行控制。从接线图上可以看出，在电机与取电点之间依次装设了开关 SA、熔断器 FU、交流接触器 KM 以及热耦电阻 FR。

跳闸事故发生前，交流接触器 1KM 闭合，2KM 断开电机，1M 处于运行状态，2M 处于停运状态。跳闸事故发生后，开关 SA、熔断器 FU 以及热耦电阻 1FR 均无断开或熔断情况发生，仅 1KM 处于断开状态。由此可以判断，整个过程中未发生过电流现象。

根据收资，1KM 继电器采用的是某公司生产的 3TB43 22－0X 型接触器。根据《电力工程电气设备手册》，3TB 系列的交流接触器吸引线圈工作电压范围为 0.8～1.1U_e。根据仿真结果，丙 220kV 母线 A 相电压最大跌落了 48.24%左右，B 相电压最大跌落了 50.70%左右，已经远远低于交流接触器的吸持电压，同时由于低电压持续时间又较典型的接触器释放时间（20ms 左右）长。因此可以判断，持续 80ms 的低电压是导致水泵回路交流接触器动作的原因。

丙变电站利用罗克韦尔 AB 公司生产的 SLC500 1746－P2 型可编程逻辑器件，即 PLC，对整流桥进行控制并触发脉冲。

在事故发生时，PLC 出现了停发脉冲导致 1、3 号整流桥离极跳闸的情况。由于现场没有该 PLC 的硬件配置等资料，因此，无法准确地判断 PLC 停发脉冲的原因。但根据之前水泵回路的判断，大体可以估计为以下两个原因：

1）由于外部电压跌落时，PLC 的 CPU 无法正常工作，导致整流桥离极跳闸。

2）由于外部电压跌落时，PLC 的 I/O 口高电位无法维持，高电位输出失败，导致整流桥离极跳闸。

1.1.5　关于电压暂降相关标准综述

本次事件中由于短路故障造成电压暂降进而引发切负荷，核心问题在于用户对电压暂降的容忍程度，国标中两个与电压暂降相关的两个标准如下：

（1）GB/T 30137《电能质量　电压暂升、暂降与短时中断》；

（2）GB/T 14598.11《量度继电器和保护装置　第 11 部分：辅助电源端口电压暂降、短时中断、电压变化和纹波》。

以下将对这两个标准进行简单描述：

根据 GB/T 30137《电能质量　电压暂升、暂降与短时中断》的定义，电压暂降是指在电力系统中某点工频电压方均根值暂时降低至 0.1～0.9p.u.，并在短暂持续 10ms～1min 后恢复正常的现象。

该标准对电压暂降事件统计及指标计算、监测方法以及监测评估方法进行了规定，但是在用户对电压暂降的容忍程度方面并未做规定，只是以资料性附录的方式给出了基于大型计算机允许电压的容限曲线，即 ITIC 曲线以及半导体加工设备的电压暂降抗扰力规范（即 SEMI F47 曲线，如图 1－5 所示）。

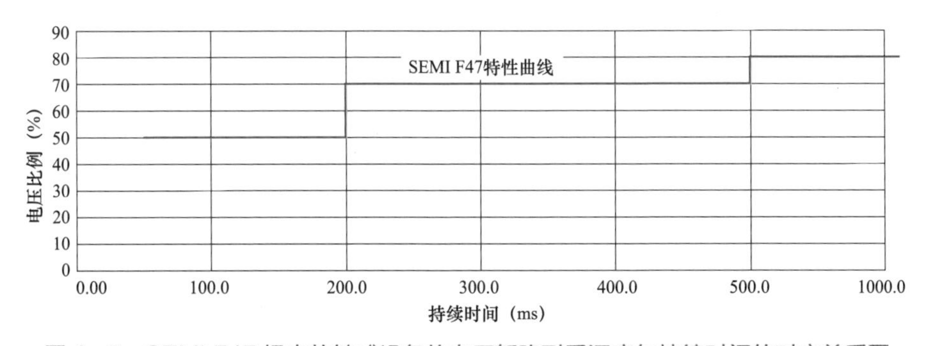

图 1－5　SEMI F47 规定的敏感设备的电压暂降耐受深度与持续时间的对应关系图

SEMI F47 电压暂降持续时间和承受值，见表 1－1。

表 1－1　　SEMI F47 电压暂降持续时间和承受值

持续时间（s）	持续时间（周波）		幅值（%）
	60Hz	50Hz	
<0.05	<3	<2.5	无规定
0.05～0.2	3～12	2.5～10	50
0.2～0.5	12～30	10～25	70
0.5～1.0	30～60	25～50	80
>1.0	>60	>50	无规定

表 1－1 中，当电压暂降持续时间为 0.05～0.2s，半导体加工设备需要容忍电压降落至 50%的标称值，对于 220kV 系统而言，即需要容忍电压降落至 110kV。仿真计算结果表明，故障过程中丙 B 相电压最大跌落了 50.70%，达到 113.39kV，高于 110kV，并且低电压持续时间小于 0.2s。因此，如按照 SEMI F47 曲线的要求在该电压暂降强度下，装置应避免误动和损坏。

GB/T 14598.11《量度继电器和保护装置　第 11 部分：辅助电源端口电压暂降、短时中断、电压变化和纹波》规定了对电力系统保护所用的量度继电器和保护装置，包括与这些装置一起使用的控制、监视和过程接口设备的交流和直流电源的一般要求。

根据该标准，交流电源供电产品的相关产品应进行电压暂降相关实验。其中包括电压暂降至 40%，并持续 10 个周波。根据验收准则，在该试验规格下设备的保护、命令、控制等功能需满足“在规定限制内性能正常，或者制造厂明确规定的预定运行状况，例如暂时功能丧失或停机，但正常功能可以自行恢复，无误动作出现”。

根据计算结果，故障期间丙剩余电压高于 40%，持续时间未达到 10 个周波，如果按该标准进行要求，不应出现跳闸甩负荷的情况。

1.1.6　小结及建议

本小节对 A 线故障引发丙站切负荷事件原因及过程进行了分析，得出了以下结论：

（1）A 线首次发生故障时，发生的是 B 相对地故障以及 A、B 两相间的高阻相间故障。由于 A 相电流未超过整定值，因此保护判定为 B 相单相对地故障，跳开了 B 相断路器，未闭锁重合闸。B 相跳闸 1.1s 后，保护启动重合闸。但此时由于 A、B 两相之间，B 相对地之间的故障点并未消失，因此保护重合闸于两相短路接地故障，重合闸失败，保护跳三相。

（2）故障期间，乙站近区电网 A、B 两相出现了明显的电压跌落，跌落深度均在 40%以上。但是当故障切除后系统电压迅速恢复，未发现机组振荡情况。整个期间低电压持续时间较短，大约仅持续 4 个周波。

（3）通过仿真发现本次发生的故障情况下，丙站 220kV 母线 A 相电压最大跌落了 48.24%左右，B 相电压最大跌落了 50.70%左右，正序电压有效值最大跌落了 35.03%，电压跌落持续时间约等于 80ms。

（4）丙变电站利用某公司生产的 3TB43 22－0X 型接触器对水泵进行控制，该接触器串联在水泵的取电回路当中。根据《电力工程电气设备手册》，3TB 系列的交流接触器吸引线圈工作电压范围为 0.8～1.1 U_e。由于故障期间，丙 220kV 母线 A 相电压最大跌落了 48.24%左右，B 相电压最大跌落了 50.70%左右，已经远远低于交流接触器的吸持电压，同时由于低电压持续时间又较典型的接触器释放时间（20ms 左右）长，因此可以判断，持续 80ms 的低电压是导致水泵回路交流接触器动作的原因。

（5）丙变电站利用生产的 SLC500 1746－P2 型 PLC，对整流桥进行控制并触发脉冲。在事故发生时，PLC 出现了停发脉冲导致 1、3 号整流桥离极跳闸的情况。初步估计可能为两个原因：① 由于外部电压跌落时，PLC 的 CPU 无法正常工作，导致整流桥离极跳闸；② 由于外部电压跌落时，PLC 的 I/O 口高电位无法维持，高电位输出失败，导致整流桥离极跳闸。但具体的原因，建议丙变电站与 PLC 供应厂家联系后进行查找。

（6）通过对涉及电压暂降的两个相关标准进行综述表明，现有的两个标准均未明确规定用户对电压暂降的容忍程度，仅对大型计算机、半导体加工设备以及电力系统保护所用的量度继电器和保护装置的电压暂降容忍程度进行了规定。按照这些规定，当丙出现 12 月 5 日当天的电压跌落时，设备应保持性能正常，避免误动和损坏。

根据上述结论，编者给出如下建议：

（1）建议对重要负荷进行高/低电压穿越能力排查，防止当系统出现故障，而导致大面积负荷丢失的情况再次出现。

（2）据丙变电站工作人员反映，该变电站水泵由于近区电网故障跳闸的事故在近10年已经发生了5～6次，因此建议丙变电站对该问题进行整改。整改的措施包括：

1）考虑采用智能接触器或在交流接触器上装设延时元件等方式，增强水泵的低电压穿越能力。

2）在PLC上装设锂电池或在部分380V母线上装设UPS，以保证在低电压环境下对PLC等控制回路供电。

1.2 敏感用户电压暂降案例

1.2.1 基本概况

汽车制造过程自动化程度要求很高，电压暂降对供电安全造成了很大的威胁。根据某汽车生产公司提供的内外部故障统计结果显示，某年累计发生电力闪断10次，造成停机时间共计1916min，产量损失1369台，报废车辆23台，造成涂装机器人雾化器、主针信号转换器、灌蜡入口安全模块损坏，焊装NCS区域调整装配线安全从站终端侧板烧毁，涂装底漆的3个安全保护条和1个安全开关损坏。因此，为了保证企业生产的正常进行，有必要进行电压暂降监测和分析评估，制订相应的电压暂降防治和治理措施，以减小电压暂降问题对企业的影响，提高供电系统的电能质量。

本小节首先从敏感设备电压耐受能力出发，建立为该汽车生产公司供电的变电站（简称“甲站”）及周边变电站的电网仿真模型，采用划分电压凹陷域的方法进行甲站10kV和400V的电压暂降深度计算，在此基础上将仿真结果与实际故障录波波形相对比验证仿真模型的可信性，最后提出电压暂降防治措施和建议。

1.2.2 敏感设备电压耐受能力

1.1.5小节对电压暂降相关标准及设备的电压暂降耐受要求进行了综述，此外，有文献对可逻辑编程器（Programmable Logic Controller，PLC）、可调速装置（Adjustable Speed Drive，ASD）、交流继电器（Alternating Current Relay，

AC Relay）、个人计算机（Personal Computer，PC）4 类典型的敏感设备电压耐受情况进行了统计。受其安装地点、功能、结构、运行方式、负载水平和使用寿命等影响，敏感设备电压暂降耐受程度存在不确定性。因此，电压耐受曲线在电压幅值—扰动持续时间平面上存在不确定区域。按现有测试和标准，PLC、PC、ASD 等敏感负荷的电压耐受曲线一般呈矩形，如图 1－6 所示。相应地，表 1－2 对几种典型负荷的不确定区域进行了划分。其中 U 为电压暂降剩余电压，t 为持续时间；U_{min} 和 U_{max} 为电压暂降幅值的最小值与最大值；T_{min} 和 T_{max} 为电压暂降持续时间的最小值与最大值；U_{av}、T_{av} 分别为电压暂降幅值和持续时间的平均值。曲线 1 的外部区域（$U>U_{max}$ 或 $T<T_{min}$）是正常工作区域；曲线 2 的内部区域（$U<U_{min}$ 且 $T>T_{max}$）是故障区域；曲线 1、2 之间为不确定区域。

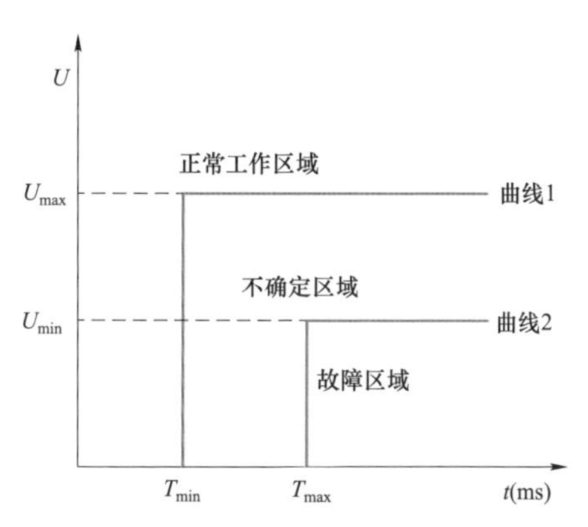

图 1－6　负荷敏感度曲线的不确定性区域

表 1－2　不同类型负荷的电压耐受能力及不确定性区域

类型	U_{max}（p.u.）	U_{min}（p.u.）	T_{max}（ms）	T_{min}（ms）	U_{av}（p.u.）	T_{av}（ms）
PLC	0.77	0.47	615	15	0.62	270
ASD	0.82	0.60	85	15	0.78	50
AC Relay	0.78	0.60	35	10	0.68	15
PC	0.80	0.50	65	30	0.60	50

不难看出，不同类型负荷的电压暂降耐受能力存在较大的差异。对于特定负荷，需要开展现场的电压暂降测试，确定各敏感电气元件的抗电压暂降免疫特性和程度，找出敏感薄弱环节并根据其实际电气参数，有针对地对敏感部分回路进行抗失电保护或多电气元件保护参数进行合理调整。若通过调整参数无法防治电压暂降，则需要安装动态电压恢复器对整个电气回路进行保护。

1.2.3　各种电网故障下甲站内母线电压暂降幅值仿真

为了评估甲站周边变电站各种电网故障对其站内母线电压暂降深度的影响，采用划分电压凹陷域的方法进行甲站 10kV 和 400V 的电压暂降深度计算。

所谓凹陷域就是指在电网中发生某种类型的故障导致所关心节点发生电压暂降，从而导致节点下的敏感负荷不能正常工作的一个故障区域。即，如果故障发生在凹陷域内，将会导致对应节点下敏感性负荷不能正常工作；而如果故障发生在凹陷域外，则对对应节点下敏感性负荷的正常工作没有任何影响。

从图 1－5 可以看出，敏感设备的电压耐受能力受电压暂降幅值和故障持续时间共同影响，不同的持续时间敏感负荷所能承受的电压暂降幅值不同。若不考虑保护的误动作、拒动作及重合闸等因素的影响，电压暂降持续时间即为故障切除时间，由系统开关设备、保护设备的固有动作时间及保护整定时设置的延迟时间确定。在输电线路中一般为全线速断保护，固有动作时间为 50～100ms；在配电系统中线路主保护一般是分段式电流保护，在线路故障时不能做到无延时地切除故障，其固有动作时间为 120～180ms。不同站内配置保护的整定时间不同，因此故障持续时间需要根据每个站实际配置的保护信息来加以确定，这里不予讨论。

本小节基于 PSCAD 搭建的甲站周边 500kV 及 220kV 电网以及部分甲站内电气元件的仿真模型，主要包括等值电源、变压器、线路、负荷、无功补偿设备等。仿真电网结构图如图 1－7 所示，在仿真模型的基础上设置甲站周边变电站母线、线路可能发生的三相短路接地故障、两相短路接地故障、相间短路故障、单相短路接地故障，通过全面的故障扫描，从而获得甲站内 10kV 和 400V 母线电压的暂降幅值。在故障扫描过程中，仅考虑了电压暂降幅值的精确仿真。

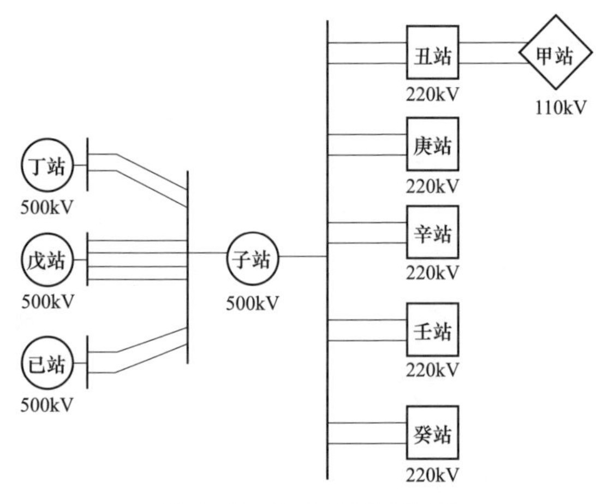

图 1－7　仿真电网结构图

表 1-3 给出了甲站周边主要 500kV 变电站母线、线路及甲站内部发生各类故障时甲站 10kV 母线和 400V 母线电压相应的电压暂降幅值。由于电压暂降幅值主要与故障点位置和故障类型有关，限于篇幅，下面仅给出甲站附近丁站 500kV 母线发生四种不同类型故障下的甲站 10kV 和 400V 母线电压曲线，如图 1-8～图 1-13 所示。

表 1-3　周边变电站故障下甲站 10kV 和 400V 的电压暂降深度统计

故障点	故障类型	甲站 10kV 母线电压（p.u.）			甲站 400V 母线电压（p.u.）		
		A 相	B 相	C 相	A 相	B 相	C 相
丁 500kV 母线（发生金属性接地故障）	三相短路	0.423	0.423	0.423	0.421	0.421	0.421
	两相短路	0.423	0.680	0.678	0.528	0.746	0.517
	相间故障	0.423	0.805	0.794	0.582	0.887	0.567
	单相故障	0.686	0.892	0.676	0.829	0.821	0.592
戊 500kV 母线（发生金属性接地故障）	三相短路	0.128	0.128	0.128	0.128	0.128	0.128
	两相短路	0.128	0.563	0.559	0.343	0.642	0.335
	相间故障	0.128	0.776	0.770	0.462	0.886	0.452
	单相故障	0.564	0.889	0.552	0.795	0.787	0.389
己 500kV 母线（发生金属性接地故障）	三相短路	0.231	0.231	0.231	0.230	0.230	0.230
	两相短路	0.231	0.606	0.600	0.398	0.681	0.390
	相间故障	0.231	0.783	0.776	0.492	0.886	0.480
	单相故障	0.605	0.890	0.594	0.806	0.799	0.462
庚 220kV 母线	三相短路	0.290	0.290	0.290	0.290	0.290	0.290
	两相短路	0.623	0.290	0.636	0.427	0.440	0.706
	相间故障	0.819	0.289	0.833	0.521	0.543	0.939
	单相故障	0.626	0.640	0.939	0.492	0.855	0.844
辛 220kV 母线	三相短路	0.313	0.313	0.313	0.313	0.313	0.313
	两相短路	0.640	0.318	0.653	0.445	0.462	0.722
	相间故障	0.821	0.313	0.834	0.529	0.554	0.938
	单相故障	0.644	0.651	0.939	0.514	0.855	0.850
壬 220kV 母线	三相短路	0.381	0.381	0.381	0.381	0.381	0.381
	两相短路	0.644	0.381	0.655	0.480	0.495	0.718

续表

故障点	故障类型	甲站 10kV 母线电压（p.u.）			甲站 400V 母线电压（p.u.）		
		A 相	B 相	C 相	A 相	B 相	C 相
壬 220kV 母线	相间故障	0.826	0.382	0.844	0.563	0.585	0.939
	单相故障	0.652	0.669	0.940	0.535	0.863	0.849
癸 220kV 母线	三相短路	0.380	0.380	0.380	0.380	0.380	0.380
	两相短路	0.669	0.380	0.682	0.489	0.506	0.747
	相间故障	0.827	0.381	0.842	0.562	0.584	0.938
	单相故障	0.671	0.682	0.939	0.562	0.864	0.856
甲站 110kV 母线（发生金属性接地故障）	三相短路	0	0	0	0	0	0
	两相短路	0.54	0	0.54	0.31	0.31	0.62
	相间故障	0.83	0	0.83	0.48	0.48	0.95
	单相故障	0.54	0.55	0.96	0.30	0.85	0.84
甲站 110kV 母线（对地电阻为 10Ω）	三相短路	0.61	0.61	0.61	0.61	0.61	0.61
	两相短路	0.88	0.61	0.61	0.61	0.49	0.81
	相间故障	0.99	0.40	0.69	0.78	0.30	0.96
	单相故障	0.91	0.63	0.98	0.70	0.80	1.04
戊一子 500kV 四线距子 10km 处	三相短路	0.20	0.20	0.20	0.20	0.20	0.20
	两相短路	0.63	0.20	0.64	0.39	0.42	0.72
	相间故障	0.78	0.20	0.80	0.47	0.50	0.90
	单相故障	0.62	0.64	0.91	0.51	0.83	0.82
己一子二线距子 20km 处	三相短路	0.10	0.10	0.10	0.10	0.10	0.10
	两相短路	0.57	0.10	0.58	0.34	0.34	0.66
	相间故障	0.78	0.10	0.79	0.45	0.46	0.90
	单相故障	0.57	0.58	0.91	0.40	0.81	0.81
子一丑 220kV 线路距子 5km 处	三相短路	0.06	0.06	0.06	0.06	0.06	0.06
	两相短路	0.50	0.06	0.50	0.29	0.29	0.58
	相间故障	0.79	0.06	0.79	0.45	0.46	0.91
	单相故障	0.52	0.54	0.92	0.30	0.81	0.80

（1）三相短路接地故障仿真波形如图 1－8、图 1－9 所示。

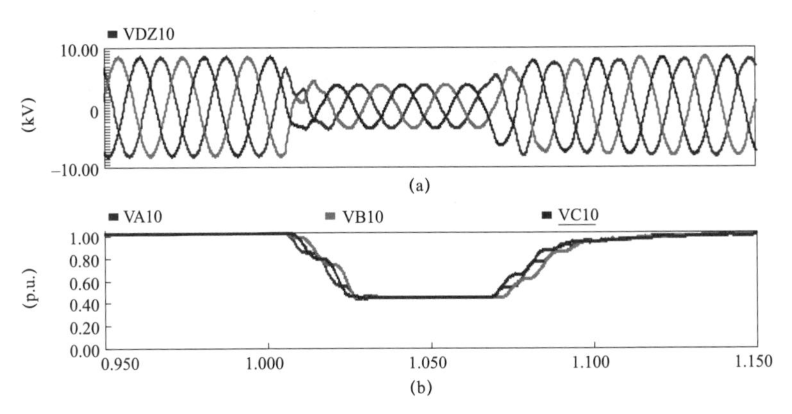

图 1－8　丁 500kV 母线三相短路接地故障下甲站 10kV 母线电压波形

（a）瞬时值；（b）标幺化的有效值

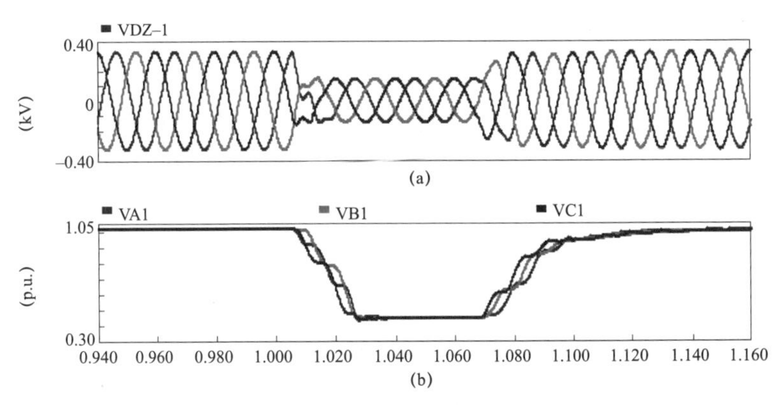

图 1－9　丁 500kV 母线三相短路接地故障下甲站 400V 母线电压波形

（a）瞬时值；（b）标幺化的有效值

（2）两相短路接地故障仿真波形如图 1－10、图 1－11 所示。

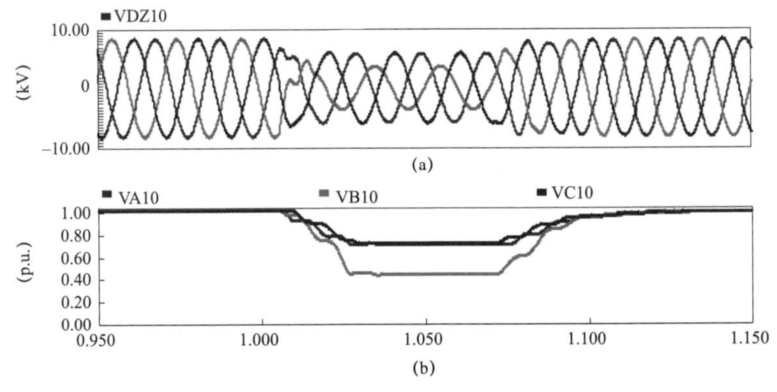

图 1－10　丁 500kV 母线两相短路接地故障下甲站 10kV 母线电压波形

（a）瞬时值；（b）标幺化的有效值

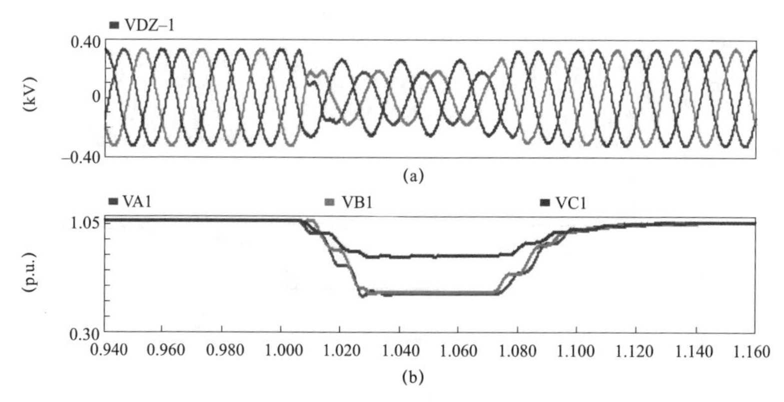

图 1–11　丁 500kV 母线两相短路接地故障下甲站 400V 母线电压波形

（a）瞬时值；（b）标幺化的有效值

（3）单相接地故障仿真波形如图 1–12、图 1–13 所示。

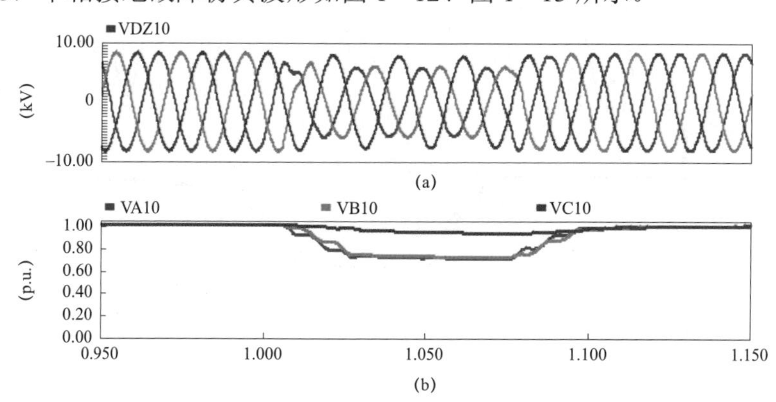

图 1–12　丁 500kV 母线单相接地故障下甲站 10kV 母线电压波形

（a）瞬时值；（b）标幺化的有效值

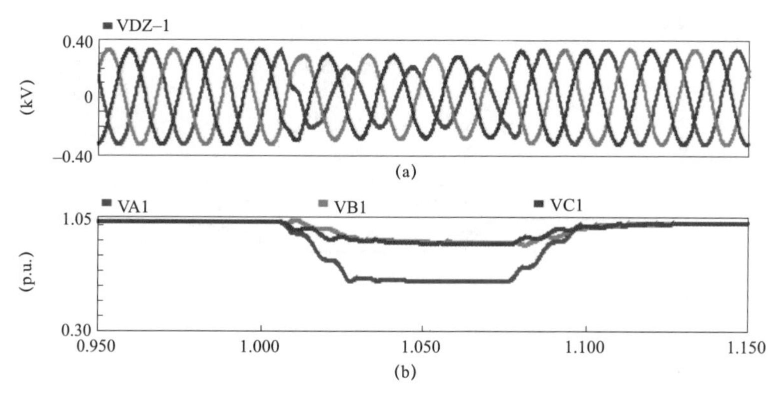

图 1–13　丁 500kV 母线单相接地故障下甲站 400V 母线电压波形

（a）瞬时值；（b）标幺化的有效值

1.2.4　甲站内 10kV 母线故障仿真与实际故障录波结果的对照

为了验证搭建仿真模型的合理性，将现场实际的故障录波结果与仿真结果进行对照。

图 1－14 和图 1－15 分别给出了甲站 10kV 母线 A 相接地故障时的 10kV 三相电压和中性点电压 U_0 的录波图和仿真波形。在正常情况下，10kV 三相电压对称，U_0 为零；当 A 相发生接地故障时，A 相电压跌落至 0.1p.u.，经过 60ms 后，A 相电压恢复至 0.3p.u.，在此过程中 B、C 相电压相应地升高 1.2p.u.，由于三相电压不平衡，导致 U_0 迅速从 0 突变到 2.56p.u.，仿真波形与实际录波图较为接近。

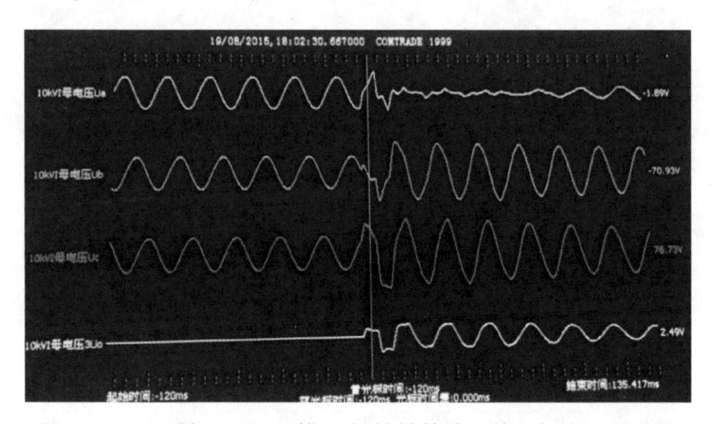

图 1－14　甲站 10kV 母线 A 相接地故障下的三相电压录波图

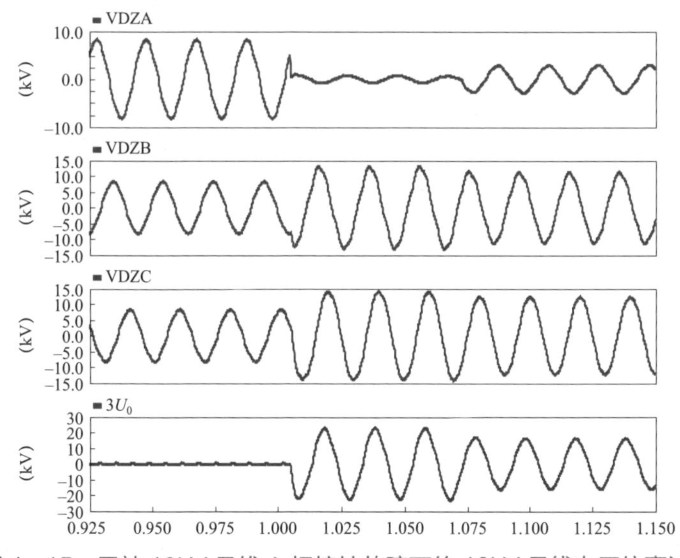

图 1－15　甲站 10kV 母线 A 相接地故障下的 10kV 母线电压仿真波形

相应地，图 1－16 和图 1－17 给出了甲站 10kV 母线 B 相从金属性接地故障向非金属性接地故障过渡过程中 10kV 三相电压和中性点电压 U_0 的录波图和仿真波形。从图中看出，前几个周期 B 相发生金属性接地故障，导致 B 相电压几乎为零，A、C 相电压分别升高至 1.55p.u.和 1.6p.u.，U_0 约为 2.8p.u.；后几个周期 B 相转换为非金属性接地故障，B 相电压升高为 0.23p.u.，A、C 相电压分别为 1.4p.u.和 1.44p.u.，U_0 约为 2.1p.u.。

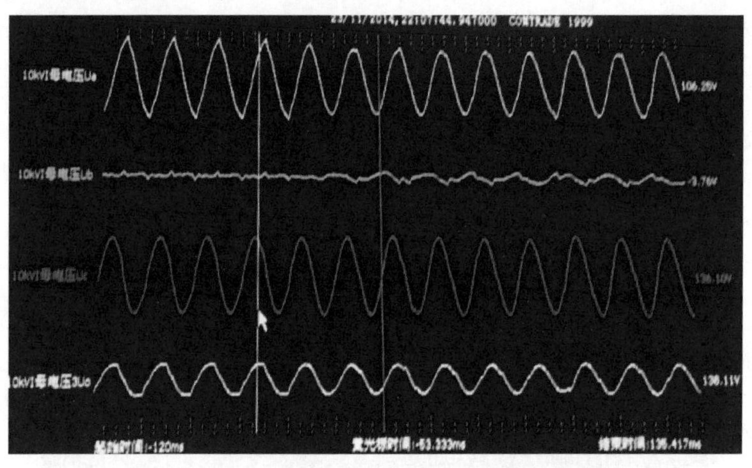

图 1－16 甲站 10kV 母线 B 相接地故障下的三相电压录波图

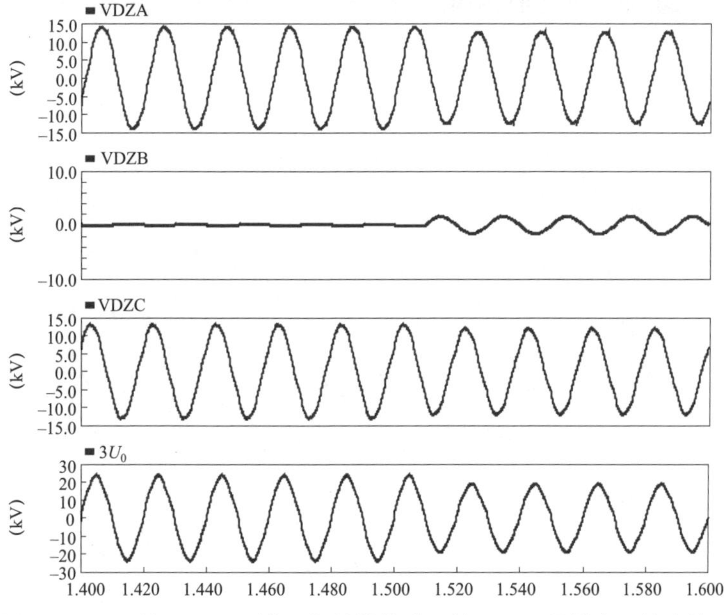

图 1－17 甲站 10kV 母线 B 相接地故障下的 10kV 母线电压仿真波形

从两组仿真结果和实际录波图对比结果可以看出，仿真结果与实际故障录波结果较为接近，由此说明仿真模型的系统参数和系统运行方式能够较为真实地反映实际系统的运行情况。基于仿真和录波后果，认为该汽车公司有必要进行电压暂降防治。

1.2.5　应对电压暂降的电压补偿装置

（1）不间断电源（Uninterruptable Power System，UPS）。UPS 的优点是它让负荷能在断电和凹陷时都能正常运行。它的缺点是损耗大，而且蓄电池需要维护和周期性地更换，这导致成本的增加。

（2）电容式电压互感器（Capacitor Voltage Transformer，CVT）。CVT 的基本结构是一个三绕组变压器，原边作为输入，副边接负荷，第三边调整电容器。CVT 运行在饱和区域调整负荷端电压。在电压凹陷下降到正常值的 70%仍能使负荷安全过渡。在满负荷时 CVT 的效率可以达到 70%～75%。为了对满负荷提供足够的凹陷保护，CVT 的容量通常比满负荷的正常容量大。

（3）静止切换开关（Static Transfer System，STS）。当负荷有备用电源（或独立电源）时，发生故障后可以通过 STS 来切换备用电源。备用电源用电力电子开关反并联的形式连接到负荷，通常负荷由一个电源转换到另一个电源需要一个半周期。

（4）动态电压恢复器（Dynamic Voltage Regulator，DVR）。负荷正常运行时 DVR 被旁路，由系统提供电压；当电压凹陷发生时，DVR 向系统注入需要的电压以保持负荷电压波形，补偿电压通常由串联变压器注入系统。由于 DVR 只在电压凹陷出现时提供负荷满足正常电压所需的功率消耗，所以效率较高，而且其费用低于 UPS、CVT 等装置，其良好的动态性能和很高的性价比使得它成为治理动态电压问题，特别是电压凹陷或暂降最经济、有效的手段。

图 1-18 给出了基于背靠背变流器补偿的 DVR 拓扑结构，主电路由两部分组成，即整流电路和电压型逆变器电路，其中整流部分将能量从电网转换到直流母线，保证直流母线侧的电压恒定，从而使 DVR 可以持续补偿电网的电压跌落。逆变侧采用三相桥式电路，将变压器次级星接，并将中点与直流侧中点相连，不仅可以补偿三相同时跌落，也可以补偿系统的单相跌落，逆变电路工作时，将能量从直流侧注入电网，补偿电网的电压跌落。

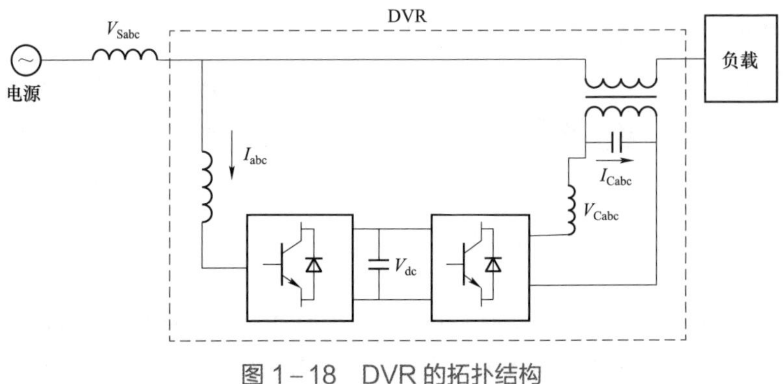

图 1－18　DVR 的拓扑结构

图 1－19 和图 1－20 分别给出了 DVR 补偿三相电压对称跌落和单相故障引起电压不对称跌落时的仿真效果图。图 1－19 中，在 0.1s 时系统侧分别发生三相短路故障导致网侧三相电压同时跌落至额定电压的 30%；图 1－20 中，0.1s 系统侧发生单相短路故障导致网侧 A 相电压跌落至 0。可以看出，无论是对称电压故障或者不对称电压故障，DVR 均能准确地检测系统电压跌落，迅速在 10ms 内发出补偿电压，使得负载侧电压仍保持在额定运行状态。

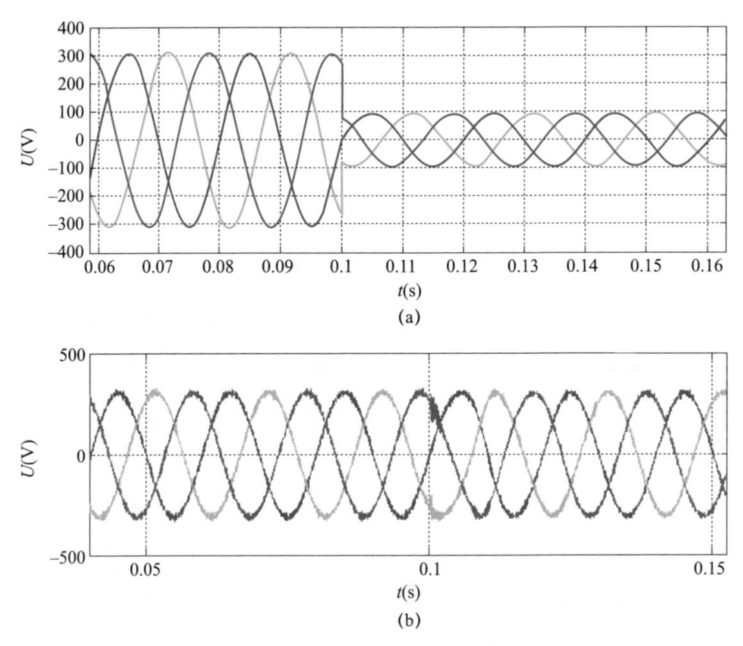

图 1－19　DVR 补偿三相电压对称跌落时的仿真效果图（一）

（a）网侧电压；（b）负载侧电压

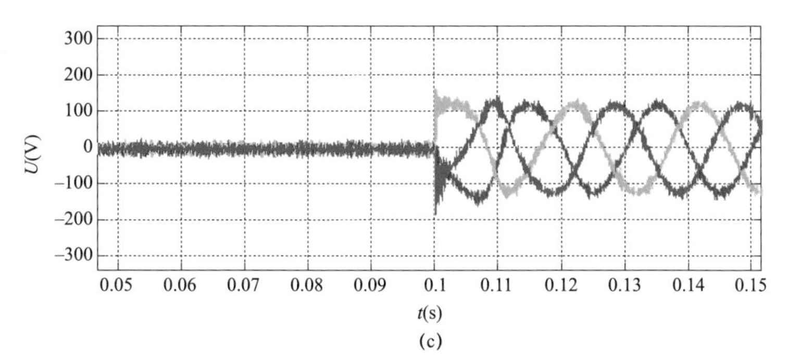

图 1－19　DVR 补偿三相电压对称跌落时的仿真效果图（二）

（c）DVR 补偿电压

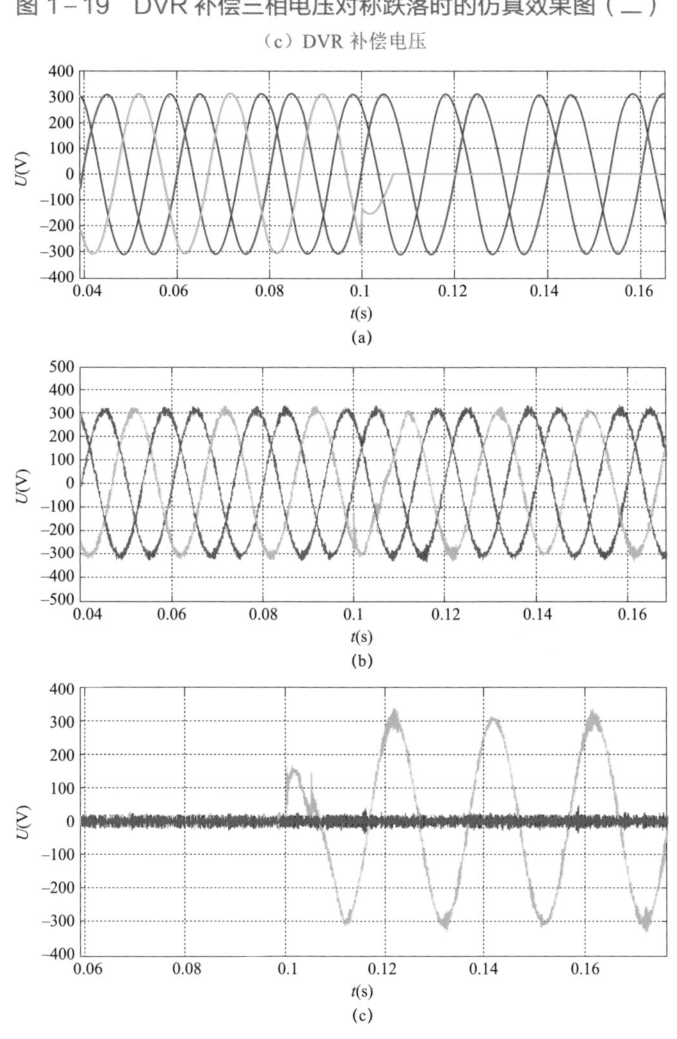

图 1－20　DVR 补偿单相故障引起电压不对称跌落时的仿真效果

（a）网侧电压；（b）负载侧电压；（c）DVR 补偿电压

1.2.6 电压暂降防治措施及建议

对于汽车生产公司电压暂降问题有必要从电压在线监测入手，从干扰源消除、电压暂降传播途径的抑制以及提高用电设备的工作电压范围等方面进行综合考虑，相关措施及建议如下：

（1）安装电能质量在线监测系统。为有效掌握和分析供电网以及甲站内的电能质量对企业稳定生产造成的影响，有必要安装电能质量在线监测系统，监测参数应包括电网频率、电压偏差、三相不平衡度、电压波动与闪变、电压跌落以及电压（电流）谐波（2～50 次）幅值、相位、含有率、总畸变率等，然后实时向上位机上传监测数据，并可生成一系列电压、电流曲线，提供电能质量不良导致停机、运行异常的波形及有效值数据，为后期选择治理方案提供强有力的依据。

（2）对生产线上敏感电气元件的抗电压暂降免疫特性和程度进行测试。根据该汽车生产公司提供的受电压闪断影响的情况汇总表得知，某年累计发生电力闪断 10 次，对设备和生产流水线均产生了一定的影响。因此，有必要根据实际统计到的数据和故障分析结果，找出甲站内生产环节中受电压暂降或闪断的敏感薄弱部位，对一些可编程逻辑控制器、变频控制器、主要电气元器件的电压暂降特性资料进行搜集整理，并开展现场电压暂降测试。可利用便携式电压暂降发生器（如 IPC－200A）按照 SEMI F47 或 IEC 国际标准进行达标验证，通过精确地产生电压暂降或短暂中断，确定各敏感电气元件的抗电压暂降免疫特性和程度。通过测试结论分析现场情况，在此基础上制订一系列的防治方案和工程优化方案。

（3）加装补偿装置。在上述电压暂降免疫能力测试的基础上，有必要针对一些重要的敏感设备加装 UPS、DVR 等灵敏、快速的电压暂降补偿装置，提高设备的抗扰能力；或者采用截止切换开关 STS 在电压暂降过程中快速地把重要负荷切换至电压正常的备用电源回路。

（4）建立电压暂降应急处理预案，降低设备受电压暂降影响停运所造成损失的程度。

1.3　电铁谐波对电网的影响案例

1.3.1　事故概述

某地市供电公司一座 220kV 站内，一组低压电容器烧毁。该站主接线图如图 1-21 所示，初步分析认为事故是由于 110kV 出线所供电铁负荷产生的谐波注入电容器支路，导致电容器组长期过热而引起事故。

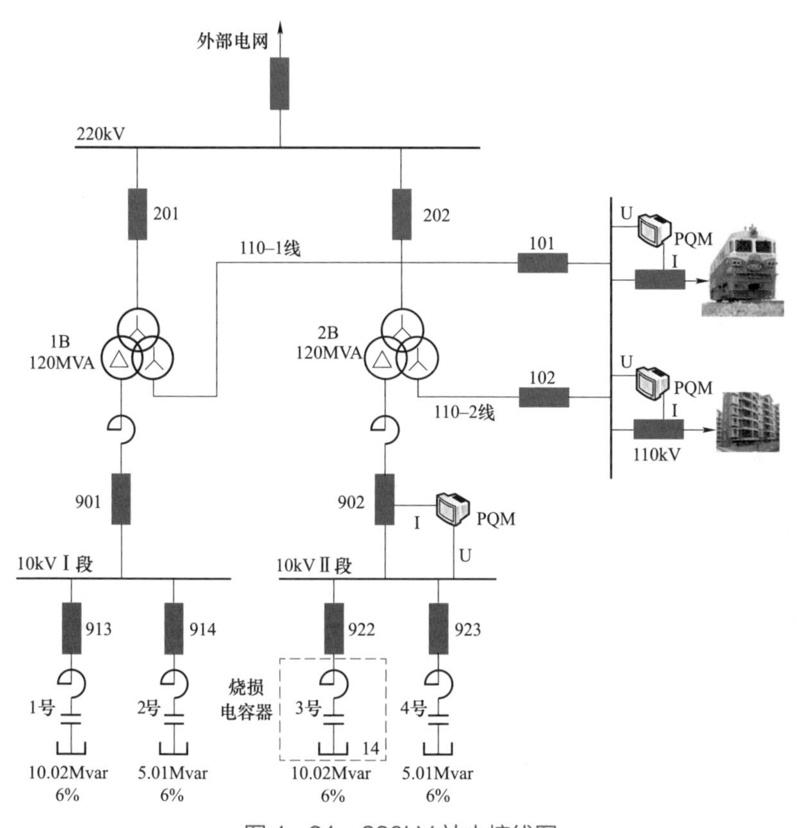

图 1-21　220kV 站内接线图

1.3.2　谐波监测结果

为验证分析结论，编者于 2013 年 1 月 28 日～1 月 30 日对该站 110kV 出线及 1 号主变压器 10kV 总路、2 号主变压器 10kV 总路共计 8 个点进行了谐波监测。测试期间，10kV Ⅰ段母线 1、2 号电容器均未投入（其中 1 号冷备用，2 号热备用）；10kV Ⅱ段母线 3 号电容器组处于检修态，4 号电容器组由 AVC 系统远方投切。110－1 线路专供电铁牵引站，110－2 线路通过另一 110kV 变电站母线与电铁牵引站有电气联系。因此，该站 110－1 线路、110－2 线路监测点呈较明显的电铁负荷特性，以奇数次谐波为主，见表 1－4。其中，3 次谐波含量最大，110－1 线路 3 次谐波电流含有率最大达 10%，是该节点的主次谐波，主要的杂散谐波包括 5、7 次。

表 1－4　　110－1、110－2 线路谐波电流测试结果

测试时间：1 月 28 日 19:00～1 月 30 日 11:00

参数		A 相		C 相		A 相		C 相	
		最大值	95%值	最大值	95%值	最大值	95%值	最大值	95%值
基波电流（A）		182.200	83.744	149.057	47.896	224.503	122.585	149.454	114.671
谐波电流幅值（A）	2	21.379	0.492	23.850	0.450	9.559	0.338	8.916	0.243
	3	14.655	7.792	15.541	5.461	20.694	6.521	13.035	5.026
	4	4.227	0.202	5.226	0.216	5.001	0.368	3.248	0.223
	5	12.702	6.908	12.461	4.777	7.747	3.221	4.710	2.354
	6	3.377	0.182	3.823	0.137	5.590	0.115	3.581	0.069
	7	6.846	3.299	7.879	3.093	5.091	2.346	3.764	1.592
	8	1.678	0.161	1.444	0.108	2.636	0.073	1.383	0.055
	9	5.025	2.367	5.527	2.088	4.663	1.722	2.688	1.216
	10	0.961	0.165	1.298	0.103	0.926	0.054	0.493	0.042
	11	4.092	1.737	4.544	1.598	2.906	1.29	1.776	0.839
	12	1.252	0.167	0.750	0.101	0.926	0.055	0.408	0.039
	13	3.683	1.51	4.241	1.346	2.372	1.281	1.669	0.851
	14	0.630	0.187	0.644	0.108	0.886	0.065	0.496	0.042
	15	3.873	1.562	3.513	1.287	2.595	1.372	1.607	0.754

受电铁注入谐波影响，该变电站 110kV 母线谐波电压总畸变率最大值在 1.7%～2.2%，国标限值为 2%，已经接近或超过国标限值，见表 1－5。

该站主变压器连接方式为 YN/Yn0/D11，三角接线应能阻挡 110kV 侧的 3 次谐波渗透至 10kV 母线，但由于中压侧是供电电铁负荷，属典型的不对称负荷，因此在 10kV 侧存在含量较高的 3 次谐波正序、负序分量。

10kV Ⅰ段母线谐波电压总畸变率最大值在 3%～3.4%，国标限值为 4%，

已经接近国标限值，见表 1－6。10kV Ⅱ段母线谐波电压总畸变率最大值在 7.5%～9.5%，为国标限值的 2 倍，CP95（95%概率大值）值为 3.4%左右，接近国标限值。10kV Ⅱ段母线 3 次谐波电压含有率最大达 4.2%，最大值及 CP95 值均超过国标限值，较谐波注入点 110kV 母线 3 次谐波电压有所放大，见表 1－7。

表 1－5　　110kV 母线谐波电压含有率测试结果

测试时间：1 月 28 日 19:00～1 月 30 日 11:00

参数		A 相		B 相		C 相		限值
		最大值	95%值	最大值	95%值	最大值	95%值	
基波电压（kV）		68.522	68.138	68.614	68.079	68.167	67.800	—
总畸变率（%）		2.258	1.268	1.708	1.061	1.887	1.051	2.0
谐波电压含有率（%）	2	0.837	0.050	0.599	0.048	0.629	0.047	0.8
	3	1.097	0.461	1.002	0.378	0.736	0.334	1.6
	4	0.283	0.076	0.229	0.066	0.256	0.036	0.8
	5	1.086	0.578	0.862	0.482	0.952	0.367	1.6
	6	0.531	0.042	0.482	0.047	0.389	0.026	0.8
	7	0.693	0.385	0.964	0.473	0.775	0.348	1.6
	8	0.356	0.031	0.335	0.023	0.232	0.030	0.8
	9	0.868	0.431	0.858	0.328	0.720	0.316	1.6
	10	0.355	0.046	0.193	0.033	0.262	0.023	0.8
	11	1.998	1.034	1.513	0.828	1.782	0.863	1.6
	12	0.459	0.066	0.231	0.040	0.188	0.036	0.8

表 1－6　　10kV Ⅰ段母线谐波电压含有率测试结果

测试时间：1 月 28 日 19:00～1 月 30 日 11:00

参数		A 相		B 相		C 相		限值
		最大值	95%值	最大值	95%值	最大值	95%值	
基波电压（kV）		5.924	5.913	6.149	6.125	5.802	5.800	—
总畸变率（%）		3.249	2.754	3.085	2.695	3.400	2.783	4.0
谐波电压含有率（%）	2	0.564	0.046	0.427	0.052	0.276	0.056	1.6
	3	3.068	2.539	2.945	2.539	3.017	2.539	3.2
	4	0.137	0.047	0.166	0.058	0.108	0.032	1.6
	5	1.498	0.977	0.854	0.586	1.188	0.586	3.2
	6	0.300	0.032	0.184	0.013	0.176	0.029	1.6
	7	0.967	0.488	0.721	0.391	0.980	0.586	3.2

续表

参数		A相		B相		C相		限值
		最大值	95%值	最大值	95%值	最大值	95%值	
谐波电压含有率（%）	8	0.178	0.021	0.184	0.011	0.215	0.027	1.6
	9	0.641	0.391	0.717	0.391	0.781	0.293	3.2
	10	0.121	0.011	0.120	0.012	0.145	0.013	1.6

表1-7　　10kV Ⅱ段母线谐波电压含有率测试结果

测试时间：1月28日 19:00～1月30日 11:00

参数		A相		B相		C相		限值
		最大值	95%值	最大值	95%值	最大值	95%值	
基波电压（kV）		5.911	5.874	6.207	6.163	6.074	6.039	—
总畸变率（%）		8.520	3.476	9.460	3.365	7.560	3.470	4.0
谐波电压含有率（%）	2	1.201	0.134	1.386	0.119	1.479	0.119	1.6
	3	4.081	3.335	3.875	3.258	4.199	3.378	3.2
	4	0.875	0.079	0.765	0.060	0.697	0.035	1.6
	5	2.746	0.920	1.447	0.661	2.106	0.586	3.2
	6	0.908	0.059	0.598	0.036	0.385	0.048	1.6
	7	2.311	0.645	1.432	0.417	2.253	0.512	3.2
	8	0.937	0.027	0.885	0.030	0.651	0.030	1.6
	9	0.959	0.293	1.793	0.340	0.831	0.345	3.2
	10	1.149	0.028	0.360	0.027	0.977	0.020	1.6

1.3.3　仿真分析

为进一步分析谐波响应特性，根据收集的参数，对该站在不同电容器（串抗率均为6%）投入组合情况进行仿真计算，得到了110kV母线的频率阻抗特性，见表1-8。

表1-8　　不同电容器组投入组合110kV母线频率阻抗特性（串抗率均为6%）

序号	电容器组投入情况	谐振次数（次）	谐振阻抗（Ω）	3次谐波阻抗（Ω）	3号电容器支路3次谐波电流含有率（%）
1	3号	3.32	92.86	44.27	5.3
2	4号	3.68	84.81	36.46	—
3	3、4号	3.04	98.77	89.00	27
4	2、4号	3.60	106.34	40.23	—

续表

序号	电容器组投入情况	谐振次数（次）	谐振阻抗（Ω）	3 次谐波阻抗（Ω）	3 号电容器支路 3 次谐波电流含有率（%）
5	1、3 号	3.18	114.75	64.89	8
6	1、3、4 号	2.98	113.42	109.37	63
7	2、3、4 号	3.02	105.09	101.72	41
8	1、2、3、4 号	2.88	118.48	52.61	12

注　谐波电流含有率=谐波电流有效值/基波电流有效值×100%。

由频率阻抗特性可以看出，在 3、4 号电容器同时投入时，其并联谐振点为 3.04 次；在 1、3、4 号电容器同时投入时，其并联谐振点为 2.98 次；在 2、3、4 号电容器同时投入时，其并联谐振点为 3.02 次。这三种组合下，并联谐振点均接近该变电站的主次谐波（3 次），对应的 3 次谐波阻抗分别为 89.00、109.37、101.72Ω。上述三种组合下，3 号电容器支路 3 次谐波电流的含有率分别为 27%、63%、41%，3 次谐波严重放大。3 次谐波电流的发热效应为基波电流的 1.732 倍，如果在上述组合下长时间运行，将导致电容器组长期过热而降低设备寿命。因为参数基本对称，对应于 10kV 母线Ⅰ段，在 1、2 号，1、2、3 号，1、2、4 号组合下也存在上述特征。

1.3.4　建议

若将 1、3 号电容器组的串抗率改造为 12%，2、4 号电容器组的串抗率保持不变，仿真结果见表 1-9，并联谐振点均不在 3 次附近，3 次谐波阻抗在 21～40Ω。

表 1-9　不同电容器组投入组合 110kV 母线频率阻抗特性（1、3 号串抗率改造为 12%）

序号	电容器组投入情况	谐振次数（次）	谐振阻抗（Ω）	3 次谐波阻抗（Ω）	3 号电容器支路 3 次谐波电流含有率（%）
1	3 号	2.60	70.88	26.39	3
2	4 号	3.68	84.81	36.46	—
3	3、4 号	2.54	79.49	26.39	3
4	2、4 号	3.60	106.34	40.23	—
5	1、3 号	2.54	95.20	21.68	2
6	1、3、4 号	2.50	99.40	21.68	2
7	2、3、4 号	2.46/3.68	83.60/83.27	28.34	3
8	1、2、3、4 号	2.54	103.10	21.68	2

可以得出变电站低压电容器的烧毁是由于该站 110kV 所供电气化铁路负荷产生的 3 次谐波，在 10kV 母线Ⅱ段由于并联谐振作用放大导致。

由于非线性电力用户越来越多，建议在并联无功补偿装置新建（改、扩建）工程时，充分考虑所供负荷的谐波特性，进行串抗率设计和校验。特别地，针对有电气化铁路、金属冶炼负荷的变电站应该充分考虑 3 次谐波的危害。

建议对所辖变电站的电容器组串抗率进行调查、校验，避免同类事故的发生。

1.4 配电网典型无功电压问题

1.4.1 A 电网基本情况

A 电网共有 110、35、10kV 及 380V 四个电压等级，通过 110kV 甲站和 110kV 乙站接入 220kV 丙变电站，实现与主网的互联。

A 电网网架结构如图 1－22 所示。

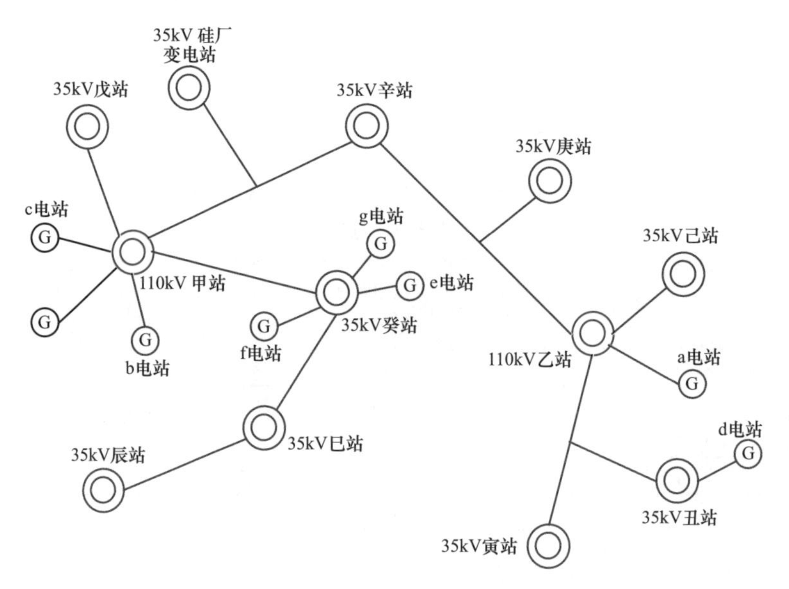

图 1－22 A 电网网架结构

A 电网供电负荷主要可分为工业负荷和民用负荷，其中，工业负荷主要为 35kV 硅厂用电和 10kV 铝厂用电，民用负荷主要以照明、电热炉和其他家用电器为主。其中硅厂 T 接到 35kV 甲辛线，铝厂负荷直接挂接在 110kV 甲站的 10kV 母线上。

依据 2015 年 7 月 29 日负荷实测结果，硅厂整点有功负荷最大为 19.9MW，最小为 16.9MW，无功负荷最大为 11.8Mvar，最小为 4.9Mvar；铝厂整点有功负荷最大为 39.53MW，最小为 31.43MW，无功负荷最大为 14.76Mvar，最小为 11.89Mvar。

A 电网共有站内无功补偿 30Mvar 左右，全部并联接入变电站内 10kV 母线，采用 Y 型接线。站内无功补偿主要分布在 110kV 甲站、110kV 乙站、35kV 戊站、己站、庚站、辛站、巳站。

A 电网无功补偿容量情况见表 1－10 所示。

表 1－10　　A 电网无功补偿容量

变电站	组数	单组容量（Mvar）	投运情况
甲站	4	4.8	停运
戊站	2	—	停运
巳站	2	—	停运
辛站	1	1	停运
庚站	2	—	停运
乙站	2	4	停运
己站	1	0.334	停运

由于甲站内的消弧线圈配置问题导致 35kV 母线频繁出现单相接地告警，故 A 电网采取甲站 35kV 分母运行的方式。

正常运行下，网内上网电站和 220kV 丙站共同为片区供电，甲变电站内无功补偿设备不投入。

a 电站检修期间，辛站和乙站各投入一组无功补偿设备。

据了解，实际运行中，硅厂电压比系统电压低 1～1.3kV；a 电站机组停修期间，A 电网系统电压偏低，特别是硅厂电压仅 34kV，影响正常生产，a 电站机组并列运行后，网内 35kV 电压偏高。

1.4.2 A电网存在的问题汇总

1. 大范围无功功率转移，本地治理不到位

从10月20日甲站实时潮流监测图可以看出，A电网内存在较大的无功负荷需求，无功功率穿越110kV主变压器，从110kV甲c线和甲b线传输到35kV和10kV侧。其中甲c线传输无功大于有功，功率因数仅0.629。甲站内10kV母线上有4组4.8Mvar的无功补偿设备，在主变压器高压侧下网无功达到30Mvar时却没有投入使用，无功本地分层分压治理不到位。

2. 水电厂和电网协调运行情况较差

从实时潮流监测截图发现，在甲站35kV母线电压达到37.5kV时，挂接在母线上的b水电站仍在向母线注入2Mvar左右无功，抬高系统电压；从2015年7月29日的负荷实测数据来看，接入35kV线路末端丑站中的d电站稳定发出2Mvar左右无功功率，该无功穿过乙站和辛站，供给硅厂、己站、庚站，这使得丑变电站母线电压偏高。硅厂无功需求很大，据了解，其母线电压比系统电压低1～1.3kV。

此外，A电网还存在三相不平衡、35kV母线单相短路接地频繁告警的问题，本书将在下一小节进行介绍。

1.4.3 A电网无功分析

根据2015年10月21日11时的甲站潮流监测图，110kV 甲c线（丙变电站—c电站—甲站）向A电网输送有功功率16.550MW，输送无功功率20.476Mvar，功率因数0.629，从主网输送的无功功率较多，功率因数很低。在负荷方面，甲辛线（甲站—辛站—T接硅厂）向硅厂输送有功功率15.166MW，输送无功功率9.175Mvar，功率因数0.856；甲铝线专线（甲站—铝厂）共8条线，向铝厂共输送有功功率38.228MW，输送无功功率15.074Mvar，功率因数0.92。110kV甲c线和110kV甲b线为A电网注入无功负荷较为稳定，其中甲c线注入无功在15～23Mvar，甲b线注入无功在8～10.5Mvar。

从甲站10kV母线负荷记录数据可以看出，铝厂共7条10kV线路运行，铝厂负荷功率因数约0.9，低于0.95的国家电网公司标准，7条运行的线路无功负荷较为稳定，总和在15Mvar左右。

从癸站 10kV 母线运行数据可以看出，挂接在母线上的三个水电站运行情况不一，e 电站向电网注入有功 2MW 左右，一直向电网注入无功，在 0.5～2Mvar；f 电站向电网注入有功在 3MW 左右，注入无功却很小，有时从电网吸收无功；g 电站由于装机较小，向电网注入有功较小，但却一直在从电网吸收 0.2Mvar 左右的无功。

从此可以看出，硅厂和铝厂是 A 电网的主要无功负荷，无功主要由 220kV 丙站、c 电站、b 电站提供，而本地的无功补偿设备闲置，并未投入使用；此外，从癸变电站入网的三个水电站（e 电站、f 电站、g 电站）运行情况不一致，有些机组甚至成为电网的无功负荷，从电网吸收无功功率；同时，d 电站全天无功出力较大，造成丑变电站 35kV 母线电压偏高。

根据无功就地平衡、分层补偿的原则，应对 A 内电网的无功进行治理，同时需要考虑全网电压，解决站内母线电压越限问题。据此，提出铝厂无功治理、硅厂无功治理和全网无功综合治理三种方案。

1. 铝厂无功治理方案

从以上分析可知，铝厂功率因数不满足 Q/GDW 212—2019《国家电网公司电力系统无功补偿配置技术原则》规定的 0.95。从损耗的角度来讲，大量的无功功率（15Mvar 左右）从 110kV c 电站和 220kV 丙变电站，通过 110kV 甲变电站两台主变压器传输过来，将在线路和主变压器中产生有功功率损耗。因此，考虑利用 110kV 甲站 10kV 母线上并联的电容器，在甲站的 10kV 侧进行无功补偿，减小无功功率大范围转移，实现铝厂的无功本地平衡。

2. 硅厂无功治理方案

依据 Q/GDW 212—2019《国家电网公司电力系统无功补偿配置技术原则》，高压供电的工业用户功率因数要求为 0.95。硅厂功率因数低于 0.90，不符合工业负荷接入高压电网的标准规定，应敦促其进行就地无功补偿，使得其功率因数达到 0.95。

在硅厂功率因数治理达到 0.95 时，计算 2015 年 10 月 21 日 11 时还存在 4.99Mvar 的无功功率需求，无功需求量仍然较大，此时考虑由 A 电网在硅厂增加无功补偿设备，以减小无功在甲站和硅厂之间的无功传输，减小主变压器和输电线路损耗。

在配置无功补偿时，应按照 GB 50227—2017《并联电容器装置设计规范》的要求，不得向电网倒送无功。

3. 全网无功综合治理方案

无功综合治理方案考虑全网无功本地补偿，结合电压调节措施，实现无功就地平衡和电压不越限。

（1）对硅厂进行无功治理，实现硅厂无功就地补偿，减小无功从甲站和辛变电站的传输量。具体措施为：对硅厂装设无功补偿装置，由固定无功补偿设备和自动投切无功设备两种补偿组成。其中固定无功补偿设备满足硅厂最小无功需求，自动投切装置容量满足可变部分的无功补偿需求。

（2）投入甲站 4 组无功补偿装置，对挂接在站内 10kV 母线上的铝厂负荷进行无功补偿，减小无功从 c 电站和其他电站的传输量，减小甲站主变压器的损耗。由于铝厂无功负荷为 15.8Mvar 左右，比较稳定，甲 b 线和甲 c 线向电网传输无功功率之和（23～30Mvar）大于站内 4 组无功补偿装置的总和（19.2Mvar，考虑电压未达额定值，实际无功出力可能小于此值），可让 4 组电容直接投入运行，不采用自动投切方式。

（3）调整 e 电站、f 电站和 g 电站的机组运行整定参数，让其在癸站负荷需求无功时提供一定的无功支撑，以减少从甲站到癸变电站的无功传输量，在必要时向甲站提供无功支撑。

（4）对辛变电站到寅变电站之间的变电站内无功补偿和发电机组运行情况进行整治，减小无功的长距离传输量，实现无功就地平衡，主要涉及乙站、辛站、庚站、己变站内的无功补偿装置的投退，以及 a 电站和 d 电站的运行参数整定调节，调节电站机组的无功出力。

（5）调节变电站无功投入及主变压器档位，使得全网 35kV 以及 10kV 母线电压在合理范围之内，具体措施为：己站投入电容器 0.334Mvar，庚站投入电容器 0.668Mvar，甲站主变压器高压侧档位由 15 档将为 13 档。

1.4.4 铝厂无功治理效益评估

铝厂的无功治理效益评估采用 2015 年 7 月 29 日的实测数据，基于电网线损管理系统中的电网模型进行计算，以此作为治理前的系统运行情况。将铝厂每时刻点无功负荷调整为 0Mvar，模拟铝厂无功全部本地补偿治理后的情况。

对于铝厂的无功治理方案，从总的节能效果、主变压器节能情况、线路节能情况、电压变化、经济效益、资金投入几个方面进行评估。

1. 电网总损耗变化

铝厂无功治理前后，代表日全网（输电网）总损耗降低 0.687MWh。损耗降低主要体现在导线损耗降低和变压器铜耗降低，其中导线损耗减小 0.390MWh，铜损减小 0.371MWh。

铝厂无功本地补偿前后全网总损耗见表 1-11。

表 1-11　　铝厂无功本地补偿前后全网总损耗

全网总损耗报表（日）											
比较	供电量（MWh）	损耗电量									线损率
		导线损耗		变压器损耗				其他损耗		总损耗（MWh）	
		损耗（MWh）	占比（%）	铜损（MWh）	铁损（MWh）	小计（MWh）	占比（%）	小计（MWh）	占比（%）		
治理前	1466.661	13.456	66.630	2.429	4.310	6.739	33.370	0.000	0.000	20.194	1.377
治理后	1466.054	13.065	66.977	2.058	4.383	6.442	33.023	0.000	0.000	19.507	1.331
变化量	−0.607	−0.390	0.347	−0.371	0.074	−0.297	−0.347	0.000	0.000	−0.687	−0.046

2. 线路损耗情况

铝厂治理前后，甲辛线甲侧有功损耗变化量最大，治理后降低 0.247MWh（代表日当天）。

3. 主变压器损耗情况

从变压器损耗报表看出，主变压器铁损变化较小，铜损变化相对较大。铜损变化主要来自 110kV 甲站两台主变压器，在铝厂无功本地补偿治理前后，两台主变压器铜损分别降低 0.182MWh 和 0.182MWh。

4. 电压变化

在铝厂无功治理前，系统中己站和辛站 10kV 母线电压低于 10kV 下限值，此外，癸站和丑站 10kV 母线电压接近上限值；在铝厂无功本地补偿治理后，癸站 10kV 母线Ⅰ母和Ⅱ母、丑站、乙站的 10kV 母线电压升高，高于 10.7kV 上限值，且甲站 10kV 母线电压处于最高限压附近。

5. 资金投入

铝厂无功功率需求较为稳定，在 15Mvar 附近，可直接将甲站内 4 组 4.8Mvar 的无功补偿设备投入，对其进行补偿，无须额外资金投入。

6. 经济效益

以 2015 年 7 月 29 日实测运行数据为基础，计算得到一天可减少 0.687MWh

的电能损耗，主要来自导线损耗的降低，以 0.2 元/kWh 的购电价格计算，可节省电费 137.4 元，以一年测算，可节省 50 151 元。铝厂无功治理直接利用 A 站内的无功补偿设备进行，无须额外资金投入。

7. 小结

从以上分析可知，单独对铝厂进行无功本地补偿治理有一定的降损效果，在无须额外资金投入情况下，一年可节省 50 151 元。

但是，仅对铝厂进行无功本地补偿将造成部分变电站 10kV 母线电压抬升，影响电网设备的运行。因此，在进行无功补偿的同时，要采取一定的降压措施，如调节主变压器档位，降低发电机机端电压整定值等。

1.4.5 硅厂无功治理效益评估

将硅厂每时刻点无功负荷调整为 0Mvar，模拟硅厂无功全部本地补偿治理后的情况。从总的节能效果、主变压器节能情况、线路节能情况、电压变化、效益几个方面评估硅厂的无功治理效益。

1. 电网总损耗变化

硅厂治理前后，代表日全网（输电网）总损耗降低 2.455MWh。损耗降低体现在导线损耗降低和铜耗降低，其中导线损耗减小 2.355MWh，铜损减小 0.232MWh。由于硅厂无功治理方案中没有考虑电压调节，故系统电压升高，变压器总的铁损增加 0.131MWh，见表 1-12。

表 1-12　　硅厂无功本地补偿前后全网总损耗

全网总损耗报表（日）												
比较	供电量（MWh）	损耗电量										线损率
		导线损耗		变压器损耗				其他损耗		总损耗（MWh）		
		损耗（MWh）	占比（%）	铜损（MWh）	铁损（MWh）	小计（MWh）	占比（%）	小计（MWh）	占比（%）			
治理前	1466.665	13.456	66.614	2.434	4.310	6.744	33.386	0.000	0.000	20.200		1.377
治理后	1464.503	11.101	62.561	2.202	4.441	6.643	37.439	0.000	0.000	17.744		1.212
变化量	-2.163	-2.355	-4.053	-0.232	0.131	-0.101	4.053	0.000	0.000	-2.455		-0.166

2. 线路损耗情况

硅厂治理前后，甲辛线甲侧有功损耗变化量最大，减少 1.983MWh（代表日当天）。

3. 主变压器损耗情况

从变压器损耗报表看出，主变压器铁损变化较小，铜损变化相对较大。其中 110kV 甲站两台主变压器的铜损变化最为明显，在硅厂无功本地补偿治理前后，两台主变压器铜损分别降低 0.114MWh 和 0.111MWh。

4. 电压变化

硅厂无功治理后，系统电压整体抬升，其中丑站和寅站的 35kV 母线电压抬升较大，超过 38.5kV 的最高限压。从 10kV 母线电压分布情况可以看出，在硅厂无功治理前，系统中己站和辛站 10kV 母线电压低于 10kV 下限值，此外，癸变电站和丑变电站 10kV 母线电压接近上限值；在硅厂无功本地补偿治理后，癸变 10kV 母线Ⅰ母和Ⅱ母、丑站、乙站的 10kV 母线电压升高，高于 10.7kV 上限值。

5. 小结

从以上分析可知，单独对硅厂进行无功本地补偿治理的降损效果较好，以 2015 年 7 月 29 日实测运行数据为基础，计算得到一天可减少 2.455MWh 的电能损耗，主要来自导线损耗的降低，以 0.2 元/kWh 计算，可节省电费 491 元，以一年测算，可节省 179 215 元。

但是，仅对硅厂进行无功本地补偿将造成系统中 35kV 和 10kV 母线电压抬升，影响电网中其他设备的运行。因此，在进行无功补偿的同时，要采取一定的降压措施，如调节主变压器档位、降低发电机机端电压整定值等。

1.4.6 无功综合治理效益评估

基于 7 月 29 日实测数据，进行无功综合治理的具体措施如下：假设硅厂无功实现了本地补偿，无功需求为 0；将甲站 4 组无功补偿装置全部投入，实现对铝厂无功负荷的本地补偿；调节系统运行参数，主要包括 d 电站无功出力改为原来的 0.2 倍，己变电站投入 0.334Mvar 无功补偿，庚变电站投入 0.668Mvar 无功补偿，甲变电站主变压器高压侧档位由 15 档降为 13 档。

从总的降损效果、线路节能情况、主变压器节能情况、电压变化、经济效益、资金投入几个方面评估无踪综合治理方案的效益。

1. 电网总损耗变化

无功综合治理前后，代表日全网（输电网）总损耗降低 2.592MWh，供电量降低 1.754MWh。损耗降低体现在导线损耗降低和铜耗降低，其中导线损耗减小 2.310MWh，铜损减小 0.299MWh，见表 1-13。

表 1-13　　无功综合治理前后全网总损耗

全网总损耗报表（日）											
比较	供电量（MWh）	损耗电量									线损率
		导线损耗		变压器损耗				其他损耗		总损耗（MWh）	
		损耗（MWh）	占比（%）	铜损（MWh）	铁损（MWh）	小计（MWh）	占比（%）	小计（MWh）	占比（%）		
治理前	1466.665	13.456	66.614	2.434	4.310	6.744	33.386	0.000	0.000	20.200	1.377
治理后	1464.912	11.146	63.302	2.136	4.326	6.462	36.698	0.000	0.000	17.608	1.202
变化量	-1.754	-2.310	-3.312	-0.299	0.017	-0.282	3.312	0.000	0.000	-2.592	-0.175

2. 线路损耗情况

无功综合治理前后，甲辛线甲侧有功损耗变化量最大，减少 1.803MWh（代表日当天）。

3. 主变压器损耗情况

从变压器损耗报表看出，主变压器铁损变化较小，铜损变化相对较大。其中 110kV 甲站两台主变压器的铜损变化最为明显，在无功综合治理前后，两台主变压器铜损分别降低 0.146MWh 和 0.155MWh。

4. 电压变化

无功综合治理后，系统 35kV 电压变化不大，但在硅厂和辛站电压有所抬升，硅厂与系统其他节点电压差距缩小。从 10kV 母线电压分布情况可以看出，在无功综合治理前，系统中己站和辛站 10kV 母线电压低于 10kV 下限值，此外，癸变电站和丑变电站 10kV 母线电压接近上限值；在无功综合治理后，癸站 10kV 母线Ⅰ母和Ⅱ母有所降低，远离 10.7kV 限压值，且辛站和己站 10kV 母线电压抬升，高于 10kV 母线电压的下限值。

5. 小结

从以上分析可知，无功综合治理的降损效果较好，以 2015 年 7 月 29 日实测运行数据为基础，计算得到一天可减少 2.592MWh 的电能损耗，主要来自导线损耗的降低，以 0.2 元/kWh 计算，可节省电费 518.4 元，以一年测算，可节省 189 216 元。

此处尚未考虑 110kV 甲 c 线（c 电站到甲站）的损耗。若计入甲 c 线的损耗，则推算一天可多减少 0.94MWh 的电能损耗，一年可多节省 68 806 元。

通过在系统中合适的位置投入无功补偿、改变发电机运行状态、改变主变压器档位等，系统各电压等级运行电压得到改善，运行损耗大幅降低。

1.4.7　小结

（1）硅厂和铝厂是 A 电网辖区内的主要无功负荷，其需求无功主要从甲站下网，无功通过主变压器传输，且在输电网内转移，造成较大的有功功率损耗。对硅厂和铝厂进行无功本地全补偿，基于 7 月 29 日负荷实测数据进行计算，结果表明代表日当天可分别节省电量 2.455MWh 和 0.687MWh，以此推算一年可节省电量 896.075MWh 和 250.755MWh，节电效果非常明显。但是，仅仅进行本地无功补偿可能造成电网其他节点母线电压越限。

（2）无功综合治理方案同时考虑无功负荷的就地平衡和全网运行电压水平，调节变压器档位（降低甲站主变压器高压侧档位）、改变发电机组无功出力（降低 c 电站的无功出力）等。计算结果显示，代表日当天全网可节省电量 2.592MWh，推算一年可节省电量 946.08MWh，降损效果非常明显；采用综合无功治理方案后，全网 35kV 母线和 10kV 母线均可维持在规定范围之内，保证了系统电压质量。

1.5　配电网三相不平衡问题

1.5.1　A 供电公司配网三相不平衡实测情况

2015 年 10 月 21 日上午 10 时左右，A 供电公司对某 10kV 线路所有公用变压器进行了低压负荷不平衡情况实测。

利用 FLUKE435 三相电能质量分析仪对该 10kV 线路的 9 台公用变压器进行实测，记录配电变压器低压侧电压、电流有效值及波形。典型三相不平衡的波形图如图 1-23、图 1-24 所示。

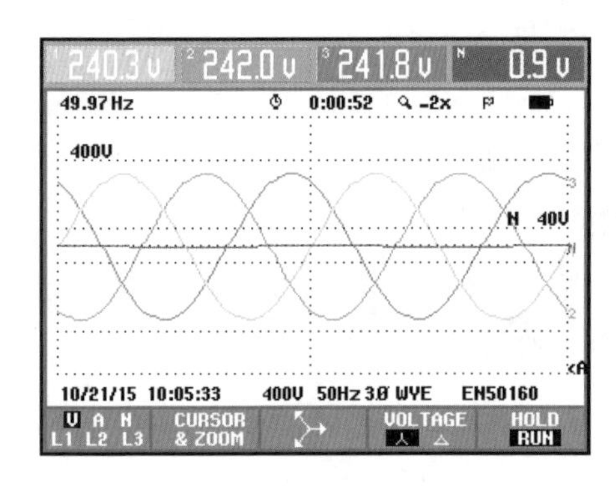

图 1-23　公用变压器电压波形

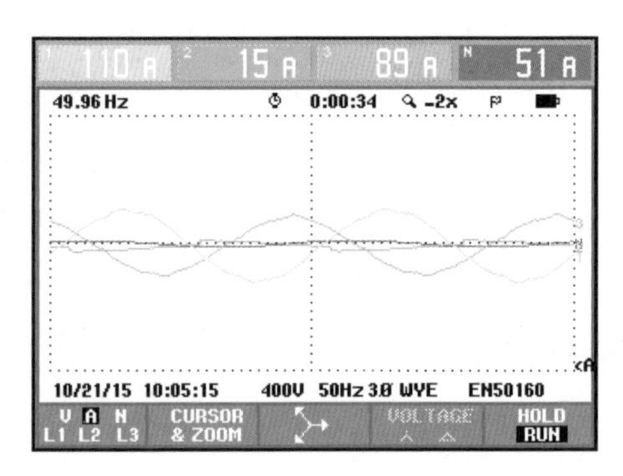

图 1-24　公用变压器电流波形

该 10kV 线路所有公用变压器测量结果见表 1-14。

表 1-14　　10kV 线路公用变压器运行情况实测结果

台区名称		H	I	J	K	L	M	N	O
容量（kVA）		250.0	400.0	400.0	400.0	500.0	500.0	630.0	800.0
有功功率（kW）	A	26.4	1.4	9.3	45.5	44.0	14.7	26.5	63.2
	B	3.6	8.2	7.2	73.5	28.3	12.5	23.0	40.6
	C	21.6	21.4	19.5	66.3	39.6	10.7	16.7	48.6
功率因数	A	0.91	0.93	0.94	0.93	0.98	1.00	0.97	0.98
	B	0.97	0.97	0.93	0.99	0.94	0.99	0.99	0.99
	C	0.98	0.90	0.99	0.97	0.99	0.99	0.90	0.98
电压（V）	A	240.3	238.2	256.2	253.2	249.1	242.2	257.3	242.4
	B	242.4	239.0	255.9	252.4	253.3	241.5	254.5	242.6
	C	242.2	250.4	255.1	253.5	256.0	241.2	254.3	242.1
电流（A）	A	110.0	59.0	39.0	178.0	183.0	61.0	108.0	265.0
	B	15.0	35.0	30.0	288.0	119.0	52.0	71.0	166.0
	C	89.0	98.0	80.0	274.0	156.0	46.0	75.0	204.0
配变负荷率（%）		20.7	7.8	9.0	46.3	22.4	7.6	10.5	19.1
电流不平衡度（%）		86.4	64.3	62.5	38.2	35.0	24.6	34.3	37.4
THD（%）	A	39.9	24.0	12.0	5.2	11.3	9.1	23.6	8.6
	B	10.0	23.9	15.0	6.1	6.8	10.4	9.4	17.3
	C	4.2	15.1	10.5	5.8	5.0	7.6	41.5	19.9

1.5.2 配线三相不平衡分析

根据实测得到的A供电公司10kV线路上所接公用变压器的运行数据可知，该线路配电变压器的三相负荷不平衡情况较为严重。其中三相电压平衡情况较好，电流不平衡度较为严重。从配电变压器负荷率数据看出，8台配电变压器的负荷率均不高，除开K公用变压器当前负荷率为46.3%外，其余配电变压器的当前负荷率均低于25%；从实测的电流不平衡度数据看出，8台配电变压器的不平衡度均大于 Q/GDW 519—2010《配电网运行规程》规定的15%。

此外，各配电变压器低压侧电流的谐波较大，从电能质量的角度出发，需要对其进行谐波治理，以满足GB/T 14549《电能质量公用电网谐波》的要求。

1.5.3 三相不平衡治理方案

基于实测数据，某电力设备有限公司提出表1-15所示的三相不平衡治理方案。

表 1-15 三相不平衡、无功、谐波综合治理方案

序号	公用变压器名称	公用变压器容量（kVA）	加装补偿设备型号	功能
1	H	250	HLXPBF-0.4/150	平衡150A差流，补偿125kvar无功
2	I	400	HLXPBF-0.4/150	平衡150A差流，补偿125kvar无功
3	J	400	HLXPBF-0.4/150	平衡150A差流，补偿125kvar无功
4	K	400	HLXPBF-0.4/150	平衡150A差流，补偿125kvar无功
5	L	500	HLXPBF-0.4/150	平衡150A差流，补偿125kvar无功
6	M	500	HLXAPBF-0.4/150	平衡150A差流，补偿125kvar无功，滤除75A合成谐波
7	N	630	HLXAPBF-0.4/300	平衡300A差流，补偿175kvar无功，滤除150A合成谐波
8	O	800	HLXAPBF-0.4/300	平衡300A差流，补偿175kvar无功，滤除150A合成谐波

其中，无功补偿通过电容器的投切实现，差流平衡利用有源逆变装置实现，

无功补偿和差流平衡可以同时实现；差流平衡和谐波补偿是通过同一套有源逆变装置实现的，补偿装置将根据用户设置的优先级选择首先补偿功能，例如，选择优先补偿不平衡，则补偿装置根据电网不平衡补偿需求补偿不平衡，在还有出力能力时补偿电网谐波。

具体改造方案为，在配电变压器低压侧加装不平衡、无功和谐波综合治理装置，平衡配电变压器出口处的三相负荷，使得配电变压器平衡运行。

1.5.4 低压配网三相不平衡治理效益评估

利用 PSCAD 对该 10kV 线路（包括配线和配电变压器）进行建模，分别模拟三相负荷不平衡和三相负荷平衡两种运行情况，分析计算三相不平衡治理前后的 10kV 线路和损耗，对降损节能情况及经济效益进行评估。

依据 10 月 21 日上午 10 时左右的各个配电变压器实测负荷数据，计算实际情况下该 10kV 线路的首端功率；将各个配电变压器低压侧的三相负荷进行调整，调整后三相负荷相等，且调整前后三相负荷功率之和相等，计算配线首端功率。计算结果见表 1-16。

表 1-16　　三相不平衡治理结果对比

对比项目	治理前	治理后	差值
首端功率（MW）	1.100	1.085	0.015

从表 1-16 可以看出，三相不平衡治理后，该 10kV 线路首端功率可减少 15kW，1h 可减少 15kWh，按照 0.2 元/kWh 的购电价格计算，一年可节省 26 280 元。

三相负荷不平衡治理可平衡配电变压器三相负荷，减少由于某相电流过大产生局部温升导致配电变压器寿命的降低，避免由于某相过载局部过热而损坏的事故发生。不平衡治理设备兼具无功补偿和谐波治理功能，无功补偿可实现配电变压器低压侧的无功本层平衡，减小从配电变压器传输的无功功率，提高配电变压器的带载能力，降低配电变压器损耗；谐波治理可减小谐波负荷对电压的影响，保证供电质量，减小谐波在变压器中产生的涡流，降低铁磁损耗，同时降低谐波导致的变压器噪声和振动。

1.6　大功率异步电机启动异常案例

某供电公司供区内的用户 B 共有 4 台绕线式感应电机，功率大小分别为：2 台 2MW、1 台 1.6MW 以及 1 台 0.8MW。该用户通常只投入 2 台 2MW 电机，可正常工作。2015 年下半年，为提高产量需增开另外两台电机，实际生产中发现，后两台电机无法正常启动。

B 用户主要经由连接于 110kV 甲变电站两圈型配电变压器（容量 40MVA）低压侧 10kV 母线的甲 B 线供电，该线路全长约 8km，导线类型为 LGJ–240，如图 1–25 所示。每台电机均配有水阻箱作为软启动装置，另外还有进相器，补偿电机消耗的感性无功。此外，厂内还有一组 1Mvar 的无功补偿装置。正常稳态运行条件下，单台电机定子出线功率因数在 0.97 左右。

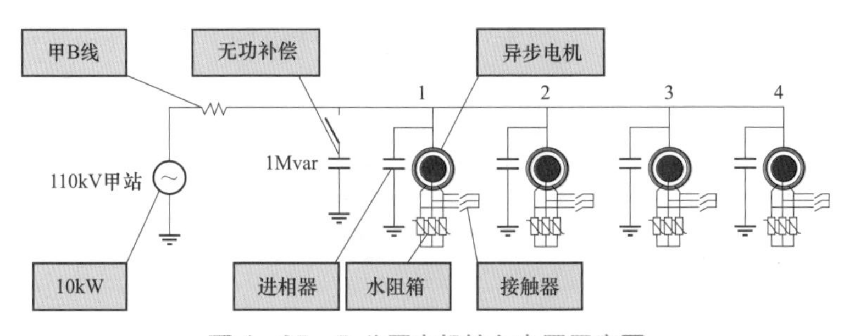

图 1–25　B 公司电机接入电网示意图

1.6.1　原因分析

4 台电机启动流程如下：先投入 1 号电机，启动开始阶段，将水阻箱作为软启动器串入转子绕组，限制启动电流在 1.5 倍额定电流以内。水阻箱阻值匀速减小，减到 0 附近时，接触器闭合，软启动结束。然后投入进相器，补偿电机消耗感性无功。稳态运行情况下，投入 1Mvar 无功补偿，厂内功率因数在 0.97 左右。然后依次投入 2、3、4 号电机，启动过程相同。

通过上述流程对电机无法启动原因进行简要分析：

首先，电机采用软启动装置限制启动电流，启动过程厂内母线电压不会出现大幅跌落。

其次，软启动结束后电机会投入进相装置，电机稳态运行消耗的感性无功得到很好的补偿，线路传输给厂内的主要是有功功率。

但是，随着各电机的依次投入运行，10kV 线路的潮流是逐渐加重的，由于低压线路的单位长度阻抗比较大，线路消耗的感性无功和电流的平方成正比。因此，厂内负荷大，线路重载，线路消耗大量无功，导致负荷端母线电压降落，是引发电机无法启动的直接原因。

对上述原因进行简要的理论分析：

1. 负荷引起的线路压降

末端线路带负荷等值电路如图 1–26 所示。

图 1–26 线路压降计算电路近似计算公式满足

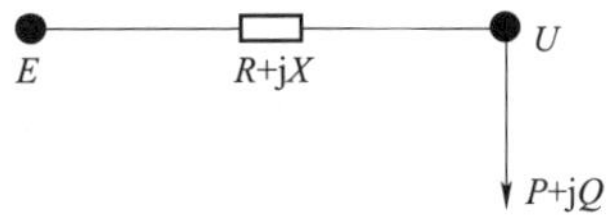

图 1–26　等值电路

$$E = U + \frac{PR + QX}{U} \tag{1-1}$$

据此，假定 110kV 站点 10kV 母线短路容量足够大，能维持其在 10kV 的电压水平，基于式（1–1），可得末端不同负荷条件下末端线路压降，见表 1–17、表 1–18。

表 1–17　　负荷引起压降情况（功率因数 0.95）

有功功率（MW）	无功功率（Mvar）	功率因数	送端电压（kV）	受端电压（kV）	压降（kV）
2	0.65	0.95	10	9.56	0.43
4	1.31	0.95	10	9.09	0.91
6	1.97	0.95	10	8.54	1.45
7	2.3	0.95	10	8.24	1.76

表 1–18　　负荷引起压降情况（功率因数 0.98）

有功功率（MW）	无功功率（Mvar）	功率因数	送端电压（kV）	受端电压（kV）	压降（kV）
2	0.4	0.98	10	9.65	0.35
4	0.8	0.98	10	9.27	0.73
6	1.2	0.98	10	8.86	1.14
7	1.4	0.98	10	8.63	1.36

可见，对于 10kV 末端线路，即使进相器投入有效地补偿发电机感性无功消耗使得负载功率因数达到 0.98，连续投入电机（线路重载）依然会引起负荷侧电压的明显降低。

2. 异步电机启动电流及启动转矩

绕线式异步电机 T 型等效电路中 R_1 为定子绕组等值电阻，$L_{1\sigma}$为定子绕组等值漏感，R_2'为转子绕组电阻，$L_{2\sigma}'$为转子绕组漏感，R_M和 L_M 为励磁回路等值电感和电阻，s 为电动机转差（所有电气量均折算到定子侧）。

在常规分析中，常常忽略励磁支路的影响，而将 T 型等效电路简化为Γ型等效电路，如图 1－27 所示。

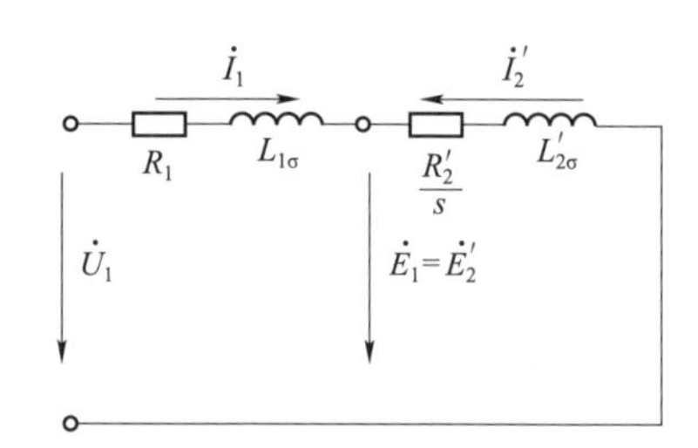

图 1－27　绕线式异步电机 Γ 型等效电路

据此，异步电机定子电流可表示为

$$I_1=\frac{U_1}{\sqrt{\left(R_1+\frac{R_2'}{s}\right)^2+(X_{1\sigma}+X_{2\sigma}')^2}} \tag{1-2}$$

异步电机电磁转矩可表示为

$$T_{em}=\frac{P_{em}}{\Omega_1}=\frac{m_1pU_1^2\frac{R_2'}{s}}{2\pi f_1\left[\left(R_1+\frac{R_2'}{s}\right)^2+(X_{1\sigma}+X_{2\sigma}')^2\right]} \tag{1-3}$$

式中：f_1 为定子电压频率；m_1 为定子绕组相数；p 为定子绕组极对数；Ω_1 为机械角速度；P_{em} 为电磁功率；T_{em} 为电磁转矩。

从上述公式可以看出：异步电机定子电流和电磁转矩与输入电压 U_1 和转子电阻 R_2 有关。软启动的原理即是在启动阶段的转子中串入电阻，减小启动电流，但同时也会改变启动电磁转矩。

设定启动电阻范围为 0～2Ω，启动电压为 10、9、8kV，校核启动电阻和电压对启动电流和转矩的影响，计算结果如图 1－28 所示。

由图 1－28 可见，串接电阻的逐渐增大能有效限制启动电流的大小。启动转矩在串接电阻从零增大到特定值时达到极值，而后随电阻增加而减小。在满足启动电流在 2 倍额定电流以下时，启动转矩随串接电阻增大单调递减。

根据现场实际情况，前两台电机可正常启动，第三台电机经常无法启动。假设第三台电机启动前进相器投入能使电机运行功率因数从 0.8 提升到 0.95 左右，同时考虑到 1Mvar 容量电容器投入以及线路末端负荷产生压降的影响，厂内母线电压按 0.9p.u.考虑，对应图 1－28 给出的 1.6MW 机组启动电阻与启动

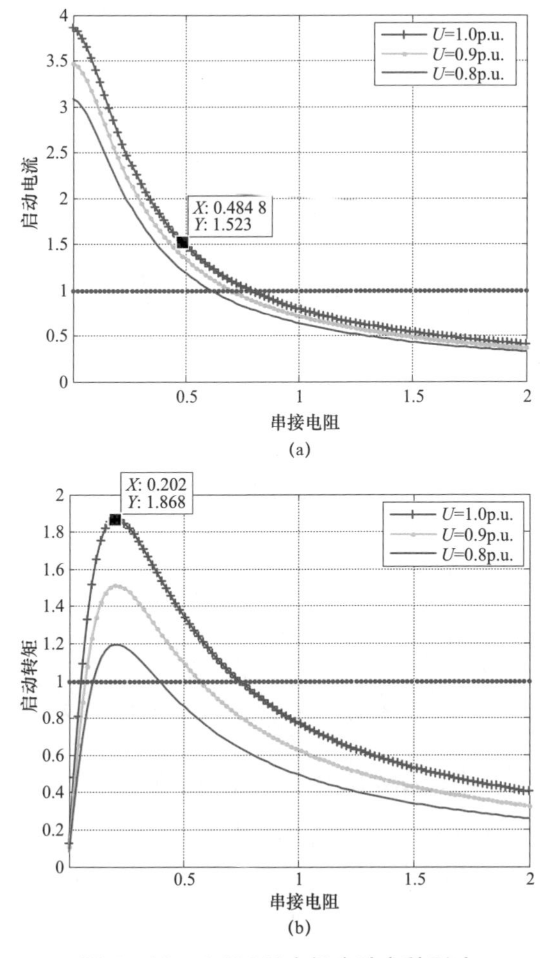

图 1－28　1.6MW 电机启动参数影响

（a）串接电阻对启动电流的影响；（b）串接电阻对启动转矩的影响

电流和启动转矩的关系进行分析。为限制电机启动电流在 1.5p.u.内，启动电阻应选择 0.5Ω以上，此时对应的启动转矩最大 1.06p.u.，启动转矩仅略大于额定转矩，再考虑负荷满功率和空载转矩损耗等情况，在该电压水平下，电机可能无法启动。若厂家对启动电流过分抑制，增大电阻，当启动电流小于 1.16p.u.时，启动转矩小于负载转矩，电机将完全无法启动。

另外，生产现场水电阻退出行程结束时，尚有 20%左右初始阻值，突变会引起较大的电流冲击和电压降，也会对该时刻启动转矩造成影响。转子转速上升至 0.9p.u.时，短接旁路水电阻启动电流将显著提升至 3.3～4.3p.u.，冲击较大。同时，如果启动电阻残值和运行电压匹配不当，也会造成突切电阻后转矩不足，如水电阻退出时电机转速仅为 0.7p.u.，则退出后瞬时启动转矩也将仅有 0.55p.u.左右，加之极大的电流冲击引起电压跌落，启动转矩将进一步降低，导致启动失败。

1.6.2　仿真验证

基于如图 1－25 所示的系统搭建电磁暂态仿真模型对实际启动过程进行模拟。

各电机水电阻初值见表 1－19，软启动结束后水电阻退出，退出时电阻阻值为初值 20%。

表 1－19　　启动电阻初值

电机型号	额定功率（kW）	启动电阻初值（Ω）
YR560－8	800	0.6
YR1600－8/1430	1600	0.2
YR2000－8/1730	2000	0.32

具体仿真流程为：

（1）0s 开始启动第一台 2MW 电机，40s 软启动过程结束，软启动回路短接退出，45s 投入进相装置，47s 投第一组 1Mvar 容性无功补偿。

（2）50s 开始投入第二台 2MW 电机，90s 软启动过程结束，软启动回路短接退出，95s 投入进相装置。

（3）100s 开始投入第三台 1.6MW 电机，140s 软启动过程结束，软启动回路短接退出，145s 投入进相装置。

（4）150s 开始投入第四台 0.8MW 电机，190s 软启动过程结束，软启动回路短接退出，197s 投入进相装置。

仿真结果如图 1－29 所示。

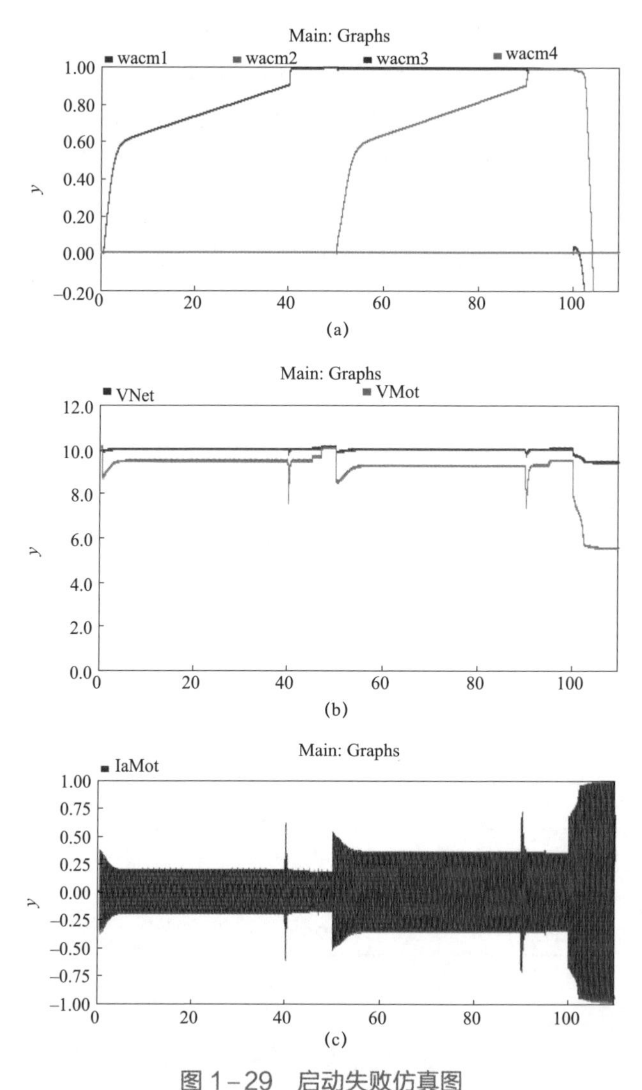

图 1－29 启动失败仿真图

（a）转速曲线；（b）送受端电压图；（c）高压母线电流曲线图

从启动过程图可以看出：

第一台（2MW）电机启动后，转子转速逐渐增大，软启动投入和退出瞬间由于启动电流冲击较大，母线电压有较大幅度跌落；启动过程中厂内稳态电压保持在 9.46kV，启动成功后投入进相器和 1Mvar 无功补偿，线路末端电压恢复到 10kV。

第二台（2MW）电机启动过程与第一台类似，软启动投入和退出瞬间电压跌落大，启动成功并投入进相器后，厂内电压仅有在 9.5kV。

第三台（1.6MW）电机投入时，由于软启动水电阻较小，启动电流较大，电压降低，导致启动转矩不足，在启动开始瞬间即造成电压崩溃，无法启动。

仿真结果与原因分析结果基本一致。

1.6.3　建议

1. 合理整定软启动水电阻

启动电阻过小会带来启动电流的增大，电机投入过程压降亦会加大，反过来会诱发转矩的下降。根据理论分析，启动电阻过大直接导致启动转矩不足，无法启动。因此，启动电阻的设置对电机的启动有关键影响。

仍按 1.6.2 节启动流程，将 1.6MW 电机时启动电阻初始值设置为 0.32Ω。仿真结果如图 1－30 所示。

从仿真结果可以看出，第三台电机投入前厂内母线电压仅有 9.5kV，电机投入后转速逐渐增大，启动过程中厂内母线电压降低至 8.2kV，伴随着水电阻行程到底后的突然短接退出，极大的电流冲击造成高压母线电压的大幅跌落，启动失败。主要原因在于相继启动两台 2MW 电机后，厂内高压母线电压已出现明显跌落，第三台电机启动电阻合理值难以整定：串接电阻偏大，初始状态下电机能启动，但随水电阻行程结束，转速极可能尚处于低位，短接退出水电阻会造成冲击电流过大、启动转矩不足，进而启动失败；串接电阻过小，则面临启动电流过大，厂内母线电压降低造成启动转矩不足致使启动失败。

另外，现场水电阻阻值的调节是通过加蒸馏水或电解质的方式，调节精度较差。因此，通过软启动水电阻合理整定解决电机无法启动问题在现场实施较为困难。

2. 厂内高压母线增设电容

在原有的 1 组 1Mvar 电容配置的基础上，再增加 2 组 1Mvar 电容，安排在第三台电机和第四台电机启动前投入以提升站内母线电压。按上述方式启动时，仿真结果如图 1－31 所示。

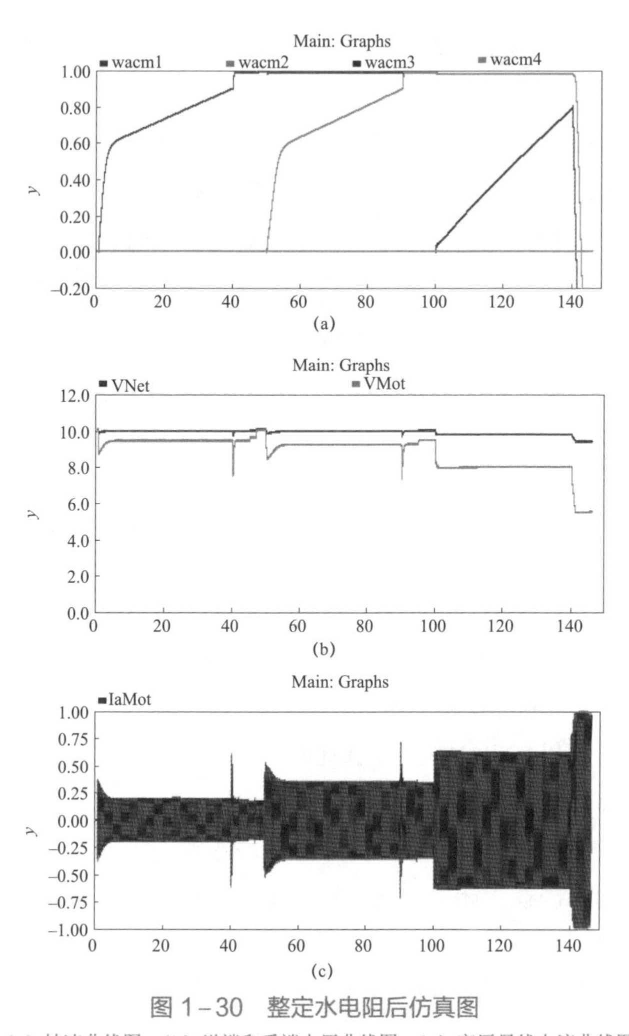

图 1-30 整定水电阻后仿真图

（a）转速曲线图；（b）送端和受端电压曲线图；（c）高压母线电流曲线图

从仿真结果可以看出，四台电机均能正常启动，主要原因在于额外的增加了容性无功补偿，使得第三台、第四台电机投入前厂内母线电压均能维持在10kV 水平，保证了电机的正常启动。

额外增加容性补偿虽然能有效地改善电机启动电压，使得所有电机均能正常投入，但需要根据场内电机实际运行工况的变化严格设计多组电容补偿的投退逻辑，否则不合理的补偿会显著抬升末端电压，威胁其他用户及设备用电安全。以送端初始电压 10kV，受端投入 3 组 1Mvar 电容补偿为例，空载情况下在厂内母线电压达到 11.3kV，增量高达 1.3kV。同时，在特定组别无功投入与对应电机启动的空档期内，无功潮流会出现反转，存在受端无功倒送的问题。

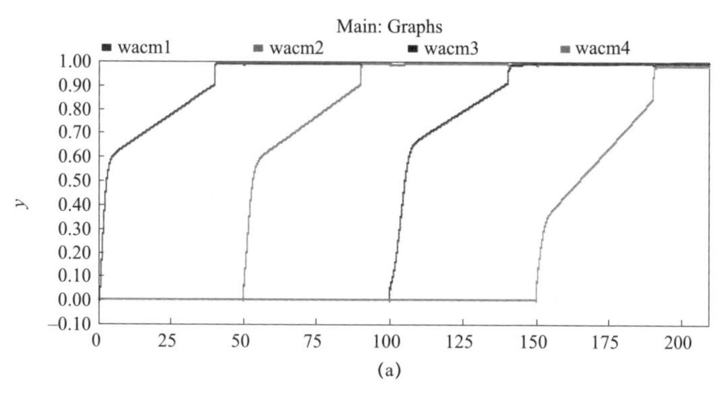

(a)

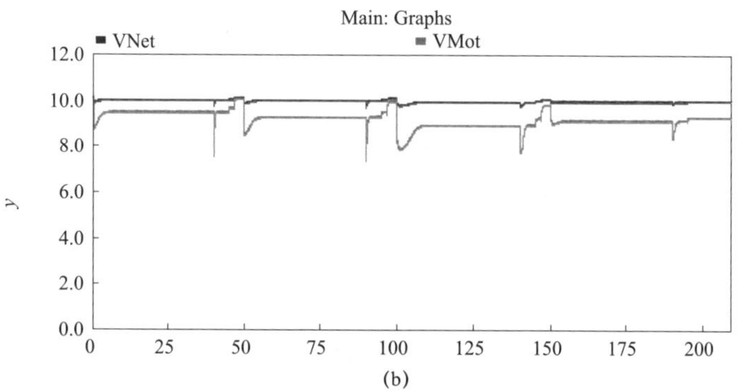

(b)

图 1–31　增设电容仿真图

（a）转速曲线图；（b）送端和受端电压曲线图

第 2 章 接地方式引发的安全问题

2.1 同塔双回线路感应电触电伤亡案例

2016 年 4 月 1 日，A 供电公司 220kV 甲变电站在进行 110kV 线路 113－2 刀闸检修工作时，发生一起作业人员感应电触电事故，造成 1 人死亡。现场作业人员陈某某未经工作负责人同意，超出工作票范围，在线路侧未挂接地线的情况下擅自将 113－2 刀闸 A 相线路侧接线板拆开，失去接地线保护，导致陈某某感应电触电身亡。本小节按照国网公司典型 110kV 设计方案对同塔双回线路感应电压和感应电流进行分析。

2.1.1 感应电压感应电流计算基础条件

参考 110kV 典型线路设计方案，建立 110kV 同塔双回线路电磁暂态计算模型，如图 2－1 所示。

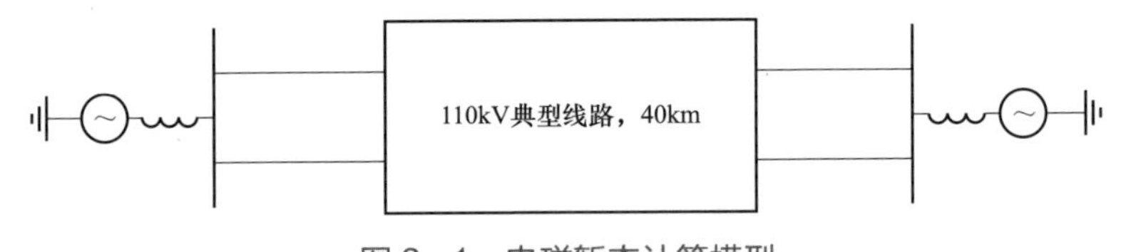

图 2－1 电磁暂态计算模型

A 供电公司“4 • 1”人身感应触电死亡事故线路长度 39.02km，仿真中设定为 40km，导线型号 LGJ300/400，地线型号 JLB－100。

LGJ300/40 导线，直流电阻 0.096 14Ω/km，外径 23.94mm。

JLB40－100 地线，直流电阻 0.715 9Ω/km，外径 12.3mm。

110kV 线路弧垂 6～10m，绝缘子长度约 1m。仿真中导地线弧垂均取 10m，绝缘子长度 1m。

线路按逆相序悬挂，直线杆塔左侧线路按上中下悬挂相序为 ABC，右侧为 CBA。

感应电压、感应电流与线路两侧系统等值阻抗关系不大，110kV 系统短路电流一般不超过 20kA。本次计算，线路两侧系统短路电流按 5kA 计算等值阻抗考虑。

110kV 系统稳态运行最高电压为 $110\times(1+7\%)=117.7$kV，在计算中取 115～117kV。

110kV 导线 LGJ300 热稳极限按 100MW 考虑。

线路参数见表 2-1。

表 2-1　　LGJ300 线路参数

长度（km）	R_1（Ω）	X_1（Ω）	B_1（SIEM）
40	3.9	15.7	117.8×10^{-6}

2.1.2　停运线路一端两相金属性接地，一相通过人体接地，另一端三相金属性接地时的感应电压和感应电流

当同塔双回线路一回正常运行、另一回停运检修时，由于回路之间的耦合作用，在被检修线路上将会存在耦合电压。为了安全起见，在检修线路时通常需要将该检修线路的两端接地，这样，在接地处将会流过一定的感应电流。若接地点断开或经人体接地，将会出现感应电压，同时人体上将流过感应电流，对人身造成危害。

本小节重点对停运线路一侧正常接地、另一侧接地端通过人体接地方式下的感应电压和感应电流进行计算。

1. 人体电阻

一般在干燥环境中，人体电阻大约在 2000Ω；皮肤出汗时，约为 1000Ω；皮肤有伤口时，约为 800Ω。人体触电时，皮肤与带电体的接触面积越大，人体电阻越小。当人体接触带电体时，人体就被当作一电路元件接入回路。

根据 GB/T 13870.1—2008《电流对人和家畜的效应　第 1 部分：通用部分》，大的接触表面积，电流路径为手到手，50Hz/60Hz 交流接触电压为 25～700V，人体电阻随接触电压变化趋势如图 2-2 所示。

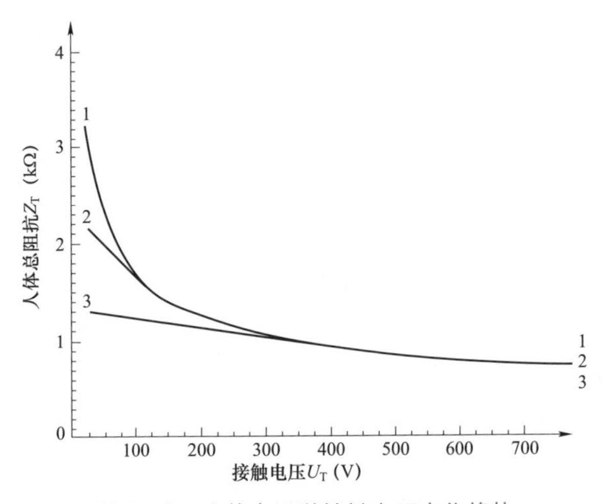

图 2–2　人体电阻随接触电压变化趋势

1—干燥条件；2—水湿润条件；3—盐水湿润条件

2. 通过人体接地时的感应电压、感应电流

表 2–2 列出了人体电阻为 2000Ω 时，拆开一相线路地刀，通过人体接地时的感应电压和感应电流。

表 2–2　停运线路一端两相金属性接地，一相通过人体接地，另一端三相金属性接地时的感应电压和感应电流

序号	停运线路	投运线路潮流（MW）	不接地位置	人体接地相	最大感应电压（相电压有效值，kV）						最大感应电流（有效值，A）					
					送端			受端			送端			受端		
					A	B	C	A	B	C	A	B	C	A	B	C
1	Ⅰ线	100	送端	A	0.69	0	0	0	0	0	0.35	8.24	25.25	0.05	8.29	25.08
				B	0	0.03	0	0	0	0	32.72	0.01	31.53	32.62	0.03	31.4
				C	0	0	0.64	0	0	0	27.39	10.80	0.32	27.31	10.76	0.12
2	Ⅰ线	50	送端	A	0.35	0	0	0	0	0	0.18	4.01	12.46	0.20	4.10	12.30
				B	0	0.01	0	0	0	0	16.13	0	15.56	16.05	0.04	15.44
				C	0	0	0.32	0	0	0	13.51	5.33	0.16	13.44	5.29	0.27

按人体电阻 2000Ω 计算，停运线路一端两相金属性接地，一相通过人体接地，另一端三相金属性接地时，人体承受的感应电压与运行线路潮流成正比，通过人体的感应电流与运行线路潮流成正比。人体承受的最大感应电压约 0.7kV，人体流过的最大感应电流约 350mA。

3. 感应电压、感应电流随人体电阻变化趋势

人体电阻在承受电压时并非一恒定值，图 2－3 和图 2－4 绘出了线路潮流 100MW 下，人体电阻从 3000Ω下降至 1000Ω时，拆开线路地刀，通过人体接地时的感应电压和感应电流变化趋势。

按上述计算，线路潮流 100MW 时，人体电阻从 3000Ω 减小到 1000Ω，停运线路一端一相通过人接地时，其承受的感应电压基本不变，最大约 700V，且基本不随人体电阻变化；感应电流随人体电阻的减小，将逐渐增大，从 200mA 增大到 700mA。

4. 感应电压、感应电流随线路长度变化趋势

前文计算了线路长度 40km 时的感应电压和感应电流，下面对 100MW 潮流、人体电阻 2000Ω 条件下，长度变化时感应电压和感应电流的变化趋势进行计算，结果如图 2－5、图 2－6、表 2－3 所示。

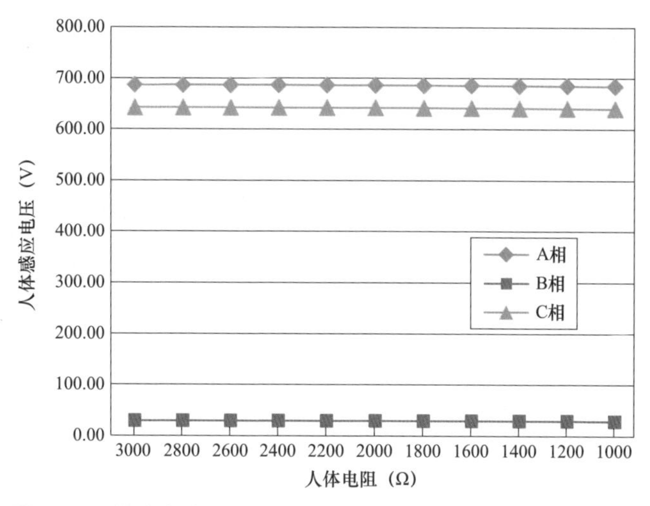

图 2－3　线路潮流 100MW，I 线停运，人体承受的感应电压随人体电阻变化趋势

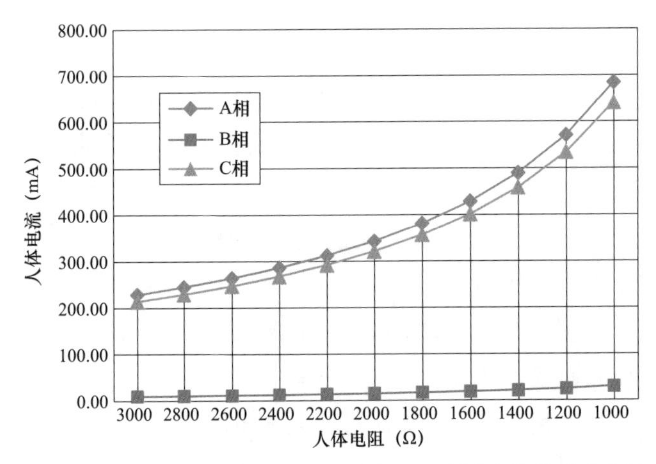

图 2-4　线路潮流 100MW，I 线停运，流过人体的感应电流随人体电阻变化趋势

表 2-3　停运线路一端两相金属性接地，一相通过人体接地，另一端三相金属性接地时的感应电压和感应电流

序号	停运线路	线路长度（km）	不接地位置	人体接地相	最大感应电压（相电压有效值，kV）						最大感应电流（有效值，A）					
					送端			受端			送端			受端		
					A	B	C	A	B	C	A	B	C	A	B	C
1	I 线	40	送端	A	0.69	0	0	0	0	0	0.35	8.24	25.25	0.05	8.29	25.08
				B	0	0.03	0	0	0	0	32.72	0.01	31.53	32.62	0.03	31.4
				C	0	0	0.64	0	0	0	27.39	10.80	0.32	27.31	10.76	0.12
2	I 线	20	送端	A	0.35	0	0	0	0	0	0.17	9.29	23.56	0.03	9.31	23.49
				B	0	0.02	0	0	0	0	32.42	0.005	30.62	32.36	0.01	30.58
				C	0	0	0.32	0	0	0	26.50	10.79	0.16	26.46	10.77	0.05
3	I 线	10	送端	A	0.17	0	0	0	0	0	0.09	10.09	22.41	0.01	10.10	22.39
				B	0	0.01	0	0	0	0	32.10	0	30.00	32.07	0.01	29.99
				C	0	0	0.16	0	0	0	25.79	10.98	0.08	25.76	10.96	0.03
4	I 线	5	送端	A	0.09	0	0	0	0	0	0.04	10.71	21.63	0.01	10.72	21.62
				B	0	0.005	0	0	0	0	32.00	0	29.52	31.99	0	29.51
				C	0	0	0.08	0	0	0	25.48	11.00	0.04	25.46	11.00	0.01
5	I 线	1	送端	A	0.02	0	0	0	0	0	0.01	11.03	21.69	0	11.02	21.69
				B	0	0	0	0	0	0	33.35	0	30.55	33.34	0	30.55
				C	0	0	0.02	0	0	0	26.54	12.20	0.01	26.54	12.19	0

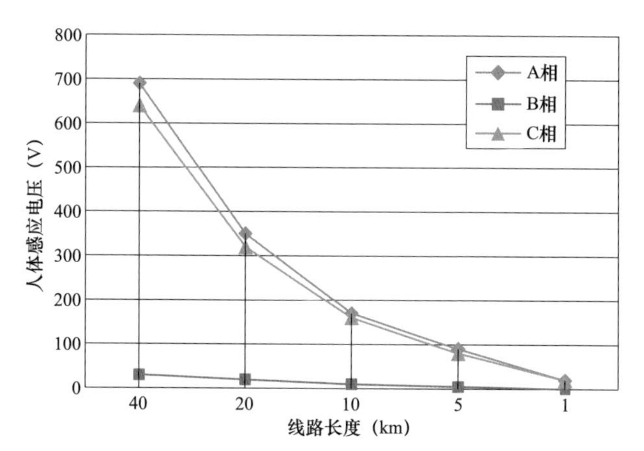

图 2–5　线路潮流 100MW，I 线停运，人体的感应电压随线路长度变化趋势（人体电阻 2000Ω）

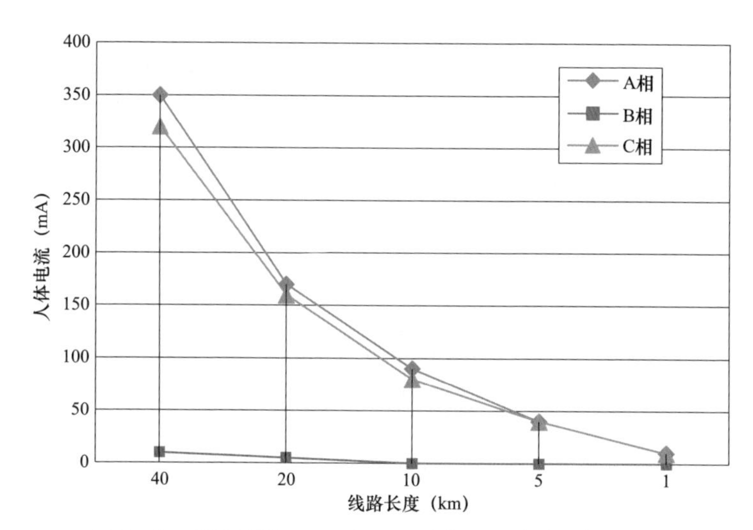

图 2–6　线路潮流 100MW，I 线停运，流过人体的感应电流随线路长度变化趋势（人体电阻 2000Ω）

由以上计算可知，潮流一定时，人体接触电压和流过人体的电流与线路长度成正比；线路潮流 100MW，线路长度 5km 以下时，人体接触电压约 90V，人体电流约 40mA。考虑接触电压 100V 以下时，人体电阻在 2000Ω 以上，实际通过人体的电流可能比计算值更小。

2.1.3 人体伤害与感应电流、持续时间的关系

根据 GB/T 13870.1—2008《电流对人和家畜的效应　第 1 部分：通用部分》，电流对人体的伤害描述如图 2－7 所示。根据国标给出的交流电流对人体的危害曲线，50mA 的电流持续时间超过 1s 即可使人产生强烈不自主的肌肉收缩、呼吸困难、可逆性的心脏功能障碍；200mA 的电流，持续时间超过 0.5s 极易使人的心脏产生纤维性颤动。

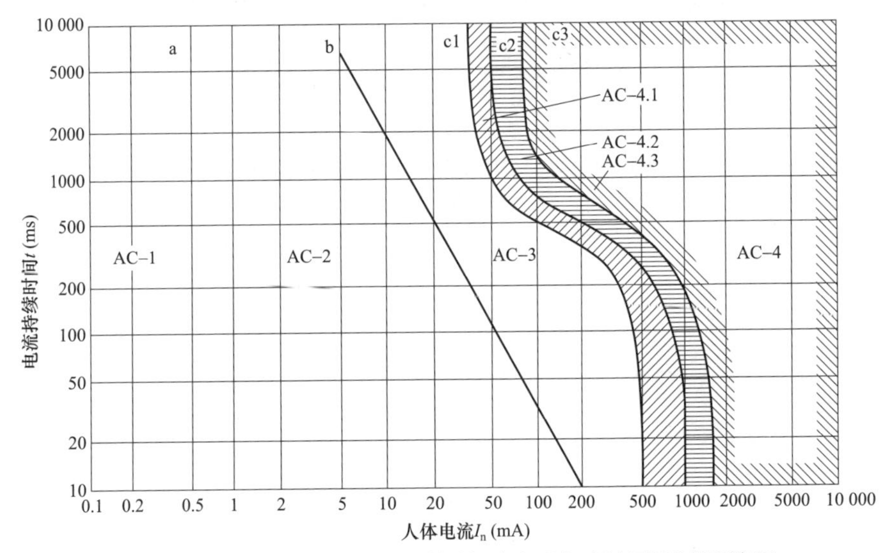

一手到双脚的通路，交流 15～100Hz 的时间/电流区域（图中区域的简要说明）

区域	范围	生理效应
AC－1	0.5mA 的曲线 a 的左侧	有感知的可能性，但通常没有被“吓一跳”的反应
AC－2	曲线 a 至曲线 b	可能有感知和不自主的肌肉收缩但通常没有有害的电生理学效应
AC－3	曲线 b 至曲线 c	可强烈地不自主的肌肉收缩，呼吸困难，可逆性的心脏功能障碍。活动抑制可能出现，随着电流幅而加剧的效应。通常没有预期的器官破坏
AC－4*	曲线 Cl 以上	可能发生病理－生理学效应，如心脏停搏、呼吸停止以及烧伤或其他细胞的破坏。心室纤维性颤动的概率随着电流的幅度和时间增加
	C1－C2	AC－4.1 心室纤维性颤动的概率增到大约 5%
	C2－C3	AC－4.2 心室纤维性颤动的概率增到大约 50%
	曲线 C3 的右侧	AC－4.3 心室纤维性颤动的概率超过 50%
* 电流的持续时间在 200ms 以下，如果相关的阈被超过，心室纤维性颤动只有在易损期内才能被激发。关于心室纤维性颤动，本图与在从左手到双脚的路径中流道的电流效应相关，对其他电流路径，应考虑心脏电流系数。		

图 2－7　人体承受电流与持续时间的关系

2.1.4　110kV 线路感应电致死事故原因分析

110kV 同塔双回线路停运检修时，一般线路两侧均通过线路地刀接地，人体最可能受感应电压、感应电流危害的风险为：停运线路一侧正常接地，另一侧由于人为原因使某接地相断开，而此时，人身将承受一定的感应电压，并流过一定的感应电流。

（1）按前文计算，线路长度一定时，接地端一相通过人体接地后，人承受的感应电压、感应电流与运行线路潮流成正比。

按人体正常情况下的电阻 2000Ω 计算，线路 40km、潮流 100MW 情况下，人体承受的最大感应电压约 700V，人体流过的最大感应电流约 350mA；线路潮流 50MW 情况下最大感应电压约 350V，人体流过的最大感应电流约 180mA。

实际上人体在承受 300V 以上电压时，人体电阻将会下降至 1000Ω 左右。线路潮流 100MW 情况下，人体承受的最大感应电压约 700V，人体承受的最大感应电流约 700mA；若线路潮流 50MW，则最大感应电压约 350V，最大感应电流约 350mA，会对人体造成巨大伤害。

由以上分析，停运线路一端一相通过人体接地时，人体通过的电流和接触电压远大于国标给出的人体对电压和电流的耐受能力。因此，人在触电瞬间如果不能快速脱离带电体，必然会造成人身伤害。

（2）潮流一定时，人体接触电压和流过人体的电流与线路长度成正比；线路潮流 100MW、线路长度 5km 以下时，人体接触电压在 90V 左右，人体电流约 40mA。线路长度越长，接触电压和感应电流越大，人身伤害风险越高。

综上，110kV 同塔双回线路，一回停电检修时，若拆开一端接地点的其中一相，对人身将产生严重的危害甚至导致死亡。在实际生产中，应严禁此类事件发生。在停运线路上检修工作，必须对停运线路先挂接人工接地线后才能开展工作。

2.2　消弧线圈告警案例

编者通过现场调研了解到，A 公司带有消弧线圈的 35kV 母线经常出现单相接地短路告警信号，且一般在 20～100ms 内告警消除，多时一天可有上百条告警信息。

母线单相接地故障告警判据为35kV母线$3U_0$（3倍零序电压）达到1750V，即出现了较严重的中性点偏移。为了消除告警，A公司采取了拉停35kV线路、35kV分母运行等措施，但告警信息仍然不时出现。某月19日和20日运行方式为消弧线圈接于35kVⅠ母，双母分段运行，Ⅰ母上35kV线路总长度仅为70km，远未达到消弧线圈的补偿能力，19日全天产生了数十条告警信息，20日无告警信息。

经了解，该消弧线圈为可控硅相控式，通过晶闸管触发角控制消弧线圈二次回路的实际电抗值，控制角度为90°～180°，电抗值范围为960Ω～∞，如图2–8所示。由于电网的运行方式时刻变化，电网的电容电流也在时刻变化，为了能在事故后快速准确响应，消弧线圈在待机状态下需不断检测电网的电容电流，不断刷新其补偿角度，据了解，其检测频度为3～5min。该消弧线圈的检测方法为试验法，即利用电网三相电容存在的自然不平衡，通过逐渐加大消弧线圈的补偿度不断放大这种不平衡，在这个过程中，$3U_0$会逐渐增大，当检测到$3U_0=500V$时停止试验，装置认为已经接近于全补偿状态。

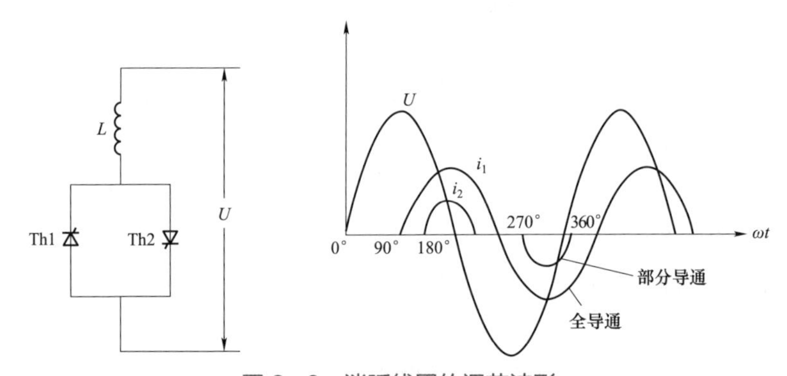

图2–8　消弧线圈的调节波形

消弧线圈在调节电抗时，补偿电纳与触发角度存在非线性关系，消弧线圈的电纳值B_L为

$$B_L=-\frac{3}{\omega L_n}\left(2-\frac{2\alpha}{180^\circ}+\frac{1}{\pi}\sin 2\alpha\right)$$

式中：α为相控触发角，（°）；L_n为消弧线圈完全投入时的电感值；ω为工频角频率（100π rad/s）。

定义ξ为电网不平衡度

$$\xi = \left| \frac{\omega(C_A + a^2 C_B + aC_C)}{B_0} \right|$$

式中：C_A、C_B、C_C 分别为电网 35kV 系统 A、B、C 三相对地充电电容；B_0 为电网 35kV 系统零序充电电纳；a 为常数，$a = e^{\frac{j2}{3}\pi}$。

考虑充电电容不平衡度，35kV 母线 $3U_0$ 和消弧线圈电纳值 B_L 之间的关系如下

$$3U_0 = \frac{\sqrt{3}\xi B_0 U_1}{\sqrt{(B_0 + B_L)^2 + g_0^2}}$$

式中：B_0 为电网零序电纳；g_0 为系统等值零序电导；U_1 为 35kV 母线线电压有效值。

根据上述公式代入系统实际参数，经分析可知，随着消弧线圈补偿度提升，系统逐渐接近谐振点，将导致 35kV 母线的 $3U_0$ 出现非线性骤升现象，分析结果如图 2－9 所示。当触发角为 98°时，35kV 母线的 $3U_0$ 为 432V（小于 500V）；当进一步减小触发角为 96°时，35kV 母线的 $3U_0$ 骤升为 1857V，超过单相接地报警阈值 1750V，引发告警。

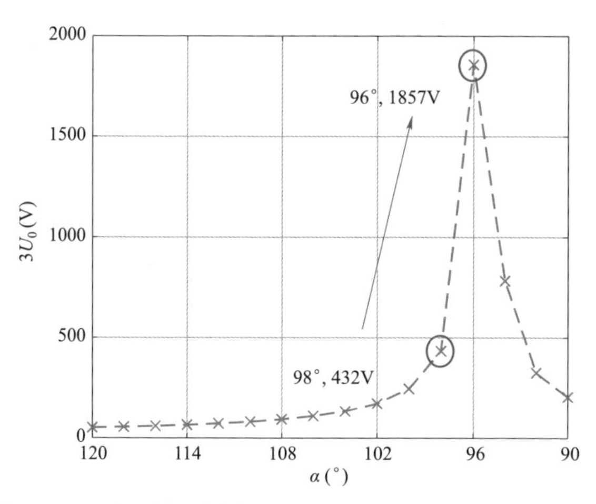

图 2－9　消弧线圈触发角和 35kV 母线 $3U_0$ 之间的关系

因此，可以总结 A 电网 35kV 母线频繁出现告警信号的原因是消弧线圈在接近全补偿状态时，母线 3 倍零序电压和触发角之间存在非线性骤升现象，引发 3 倍零序电压超过单相接地告警值。

2.3 小电流接地系统的安全问题

目前，A 地区绝大部分 10kV 配网为中性点不接地系统，部分供电系统中性点经消弧线圈接地。受 10kV 配电线路电缆化率快速升高等因素影响，10kV 系统电容电流增长远超设计预测，导致消弧线圈寿命极短，绝大部分消弧线圈装置在投运 5 年内便因容量不足而退运，系统改为不接地运行，存在严重的弧光接地过电压等风险。为此，A 地区拟将 10kV 配电网改为中性点经小电阻接地系统。

中性点经小电阻接地后，单相接地故障电流大幅升高，需要保护及时将故障跳开，因此需研究电网安全运行和保护的适应性问题。此外，由于 10kV 台区变压器保护接地和 380V 工作接地相连接，在台区 10kV 侧出现单相接地故障后，380V 中性线（PEN 线）的电位将会抬升，对用户人身安全造成隐患。本小节将对小电阻接地的适应性进行分析。

2.3.1 中性点经小电阻接地系统必要性

DL/T 620—1997《交流电气装置的过电压保护和绝缘配合》中 3.1.2 条规定："单相故障电容电流超过 10A 的 3～66kV 架空线路应采用消弧线圈接地"，3.1.4 条规定："6～35kV 主要由电缆线路构成的送配电系统，电容电流较大时可采用小电阻接地方式……"

2000 年《城乡配电网中性点接地方式的发展与选择》提到："结合我国具体情况，建议以电缆为主的电容电流达到 150A 以上的配电网可以采用低电阻接地方式"；2006 年 150A 被写入了国家电网公司的企业标准 Q/GDW 156—2006《城市电力网规划设计导则》。2011 年，GB 50613—2010《城市配电网规划设计规范》明确："当单相接地电流超过 100～150A，或为全电缆网时，宜采用低电阻接地方式。"

中性点经小电阻接地的实质就是利用中性点电阻在故障点叠加有功电流，和中性点直接接地一样形成了一个较大的零序电流回路，使其继电保护和中性点直接接地一样易于实现。此外电缆构成的线路是由绝缘层包裹的，不易发生临时性接地，若发生单相接地就意味着绝缘的损坏，需尽快停电更换。

根据 A 地区电容电流的测试结果，多数站点 10kV 单母线电容电流均大于 100A，部分站点甚至超过 200A，非常有必要将 10kV 系统改造为中性点经小电阻接地系统。

由于 35kV 系统与 10kV 系统没有直接电气联系，如需同时改造为小电阻接地方式，需要单独对 35kV 系统电容电流进行测试。仿真分析也表明，35kV 系统侧电容电流的变化不会影响 10kV 系统单相故障后的故障电流大小，反之亦然。

2.3.2　中性点小电阻选择原则

中性点电阻值的选择需要综合考虑限制过电压、降低用户侧人身安全风险、继电保护选择性、可靠性与灵敏性以及限制通信干扰等多方面的要求。GB 50613—2010《城市配电网规划设计规范》中规定，“当单相接地电流超过 100～150A，或为全电缆网时，宜采用低电阻接地方式，其接地电阻宜按单相接地电流 200～1000A、接地故障瞬时跳闸方式选择。”

1. 限制过电压角度

根据 A 地区电容电流测试结果，单条母线电容电流达到 170A，双母线并联运行电容电流达到 250A，且该测试结果未要求被测 10kV 系统处于最大运行方式，也未规定测试时 10kV 母线必须分列运行，即测试结果不代表被测 10kV 母线最大电容电流值。

因此，从限制过电压的角度，A 地区小电阻接地系统短路电流 I_R 至少大于 300A，若考虑最大运行方式，并考虑电容电流的增长，按照 2 倍电容电流考虑，短路电流 I_R 宜选择 500A 及以上。

2. 满足继电保护需要

中性点小电阻接地系统和中性点直接接地系统一样，发生单相接地故障时，保护动作于出线断路器跳闸。配置零序保护时需要综合考虑灵敏性、可靠性以及选择性的要求。

根据 A 供电公司对电容电流的实测结果，单条 10kV 线路最大电容电流约为 30A。结合电容电流估算结果，按照单条线路 40A 进行考虑。

根据零序过流保护整定原则，考虑 1.5～2.5 的可靠系数，零序过流保护整定值将可能达到 $I_{dz}=40\times(1.5\sim2.5)=60\sim100\,\text{A}$，取中间值，按照整定值 80A 考虑。根据计算结果，考虑保护线路长度为 10km，同时考虑 50Ω 的过渡电阻，要求单相接地电流大于 400A（r_0＜15）。

此外，为防止零序保护误动，零序保护整定值可能大于 80A，严重影响保护的灵敏性，会导致再经过渡电阻接地时保护不动作的情况发生。为避免该情况，可考虑配置零序方向保护。

系统配置零序方向保护时，接地电流的有功分量是影响灵敏度的重要因素，通常当满足以下条件

$$\frac{\text{接地电流的有功分量 } I_R}{\text{母线电容电流 } I_C} \geqslant 2$$

时，接地方向继电器能可靠动作。上式中电容电流为某段母线总电容电流。

根据 A 供电公司对 10kV 系统电容电流的测试结果，A 地区电容电流最大的站点为乙站，双母线并联运行，电容电流达到 245A，据此得出小电阻接地电流最少要达到 490A，考虑到所测得的电容电流不是最大的电流及电容电流的增长，选择小电阻接地电流 600A 是合理的。

3. 阻值选择结果

前文讨论了中性点小电阻的选择原则，对故障后流经中性点小电阻的接地电流 I_R 提出了要求，由此可计算相应的小电阻阻值。当配电网在变压器出口经中性点小电阻接地时，暂不考虑故障点接地电阻，其接地电流可以通过下式进行计算

$$I_f = \frac{\sqrt{3}U_N}{\sqrt{X_s^2 + R_0^2}} \tag{2-1}$$

式中：X_s 为系统的等值电抗，包括变压器电抗与高电压等级的等值电抗（对于典型 110kV 变压器，该电抗值为 $X_s = 0.17\frac{U_N^2}{S_B} = 0.29\,\Omega$）；$R_0$ 为中性点小电阻，其取值远大于 X_s，因此可以认为配电网单相短路电流主要由 R_0 决定。

表 2－4 给出了不同接地电阻值下，单相短路时最大短路电流（暂不考虑故障点接地电阻）。根据前文对中性点小电阻接地电流 I_R 的要求，同时参考北京等地的选值，建议小电阻阻值取 10Ω。

表 2－4　　不同电阻值下单相短路电流最大短路电流

R_0（Ω）	I_f（A）	R_0（Ω）	I_f（A）
5	1212.4	13	466.308 1
6	1010.3	14	433.000 4
7	866.0	15	404.133 7
8	757.8	16	378.875
9	673.6	17	356.588 6

续表

R_0（Ω）	I_f（A）	R_0（Ω）	I_f（A）
10	606.2	18	336.778 1
11	551.1	19	319.052 9
12	505.2	20	303.100 3

2.3.3　混合接地系统负荷转供策略

在中性点经消弧线圈改造为小电阻接地的过程中，甚至在改造完成后，配网会形成两种接地方式并存的混合接地系统，当出现主设备故障或检修需要进行负荷转供时，应该优先选择同类型接地系统进行负荷转供。在不考虑小电阻接地方式对用户侧人身安全影响的条件下，不同接地系统之间负荷转供有以下几种情况。

合环方案 1：合环前退出消弧线圈，改为不接地系统运行，再与小电阻接地系统合环运行，合环成功后有且只有一个接地点，经小电阻接地，如图 2–10 所示。

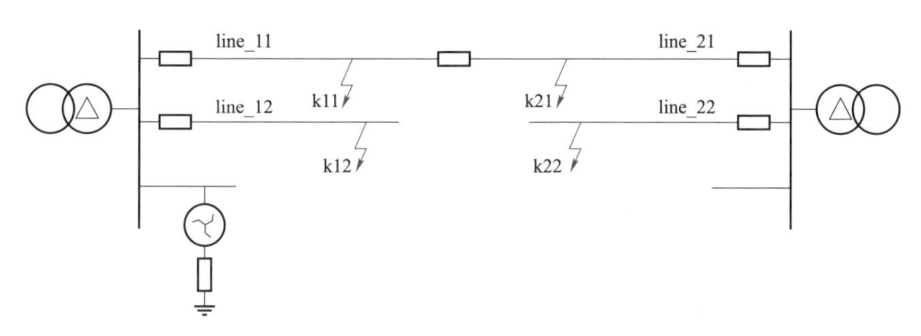

图 2–10　并列后经小电阻接地运行

合环方案 2：合环前退出小电阻，改为不接地系统运行，再与消弧线圈接地系统合环运行，合环成功后有且只有一个接地点，经消弧线圈接地，如图 2–11 所示。

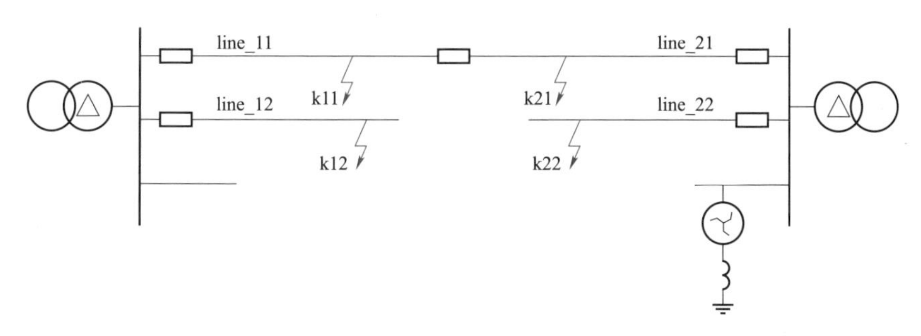

图 2–11　并列后经消弧线圈接地运行

合环方案 3：不做任何操作，两种接地方式直接合环运行，合环成功后系统有两个接地点，两种接地方式并存，如图 2－12 所示。

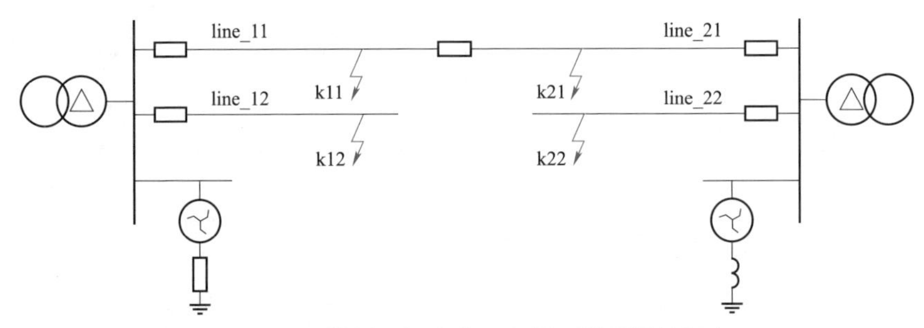

图 2－12　并列后经小电阻和消弧线圈接地运行

若合环前后系统不平衡度差别不大，且三相断路器同期合闸，合环操作本身不影响零序保护，仅需要对合环后发生故障时的状态进行分析。

合环方案 4：同时退出消弧线圈和小电阻，两端均改为不接地系统运行，合环成功后系统没有接地点，如图 2－13 所示。

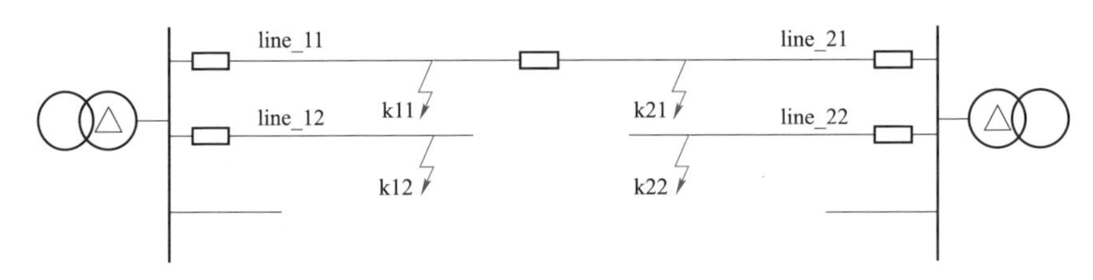

图 2－13　不接地运行

1. 采用方案 1 合环

当小电阻接地侧非合环线路发生故障时，原有零序保护可靠动作隔离故障。与此同时，合环线路由于合环后线路增长，电容电流增大，若未配置方向保护，其零序过流保护可能误动。仿真结果如图 2－14、图 2－15 所示，可以看到故障线路零序电流有效值约为 425A，非故障线路（合环线路）零序电流很小。

当小电阻侧合环线路发生故障时，中性点小电阻接地与故障点之间形成回路，小电阻接地侧零序保护可正确动作，隔离故障。但对于原消弧线圈接地系统，故障没有消失，此时原消弧线圈接地系统已改为不接地系统运行，相当于不接地系统发生单相接地故障，在合环开关上没有明显的故障电流，但由于电容电流较大，存在一定风险，故障线路（合环线路）零序电流有效值大约为 600A，合环点零序电流很小，仅有几十安培。

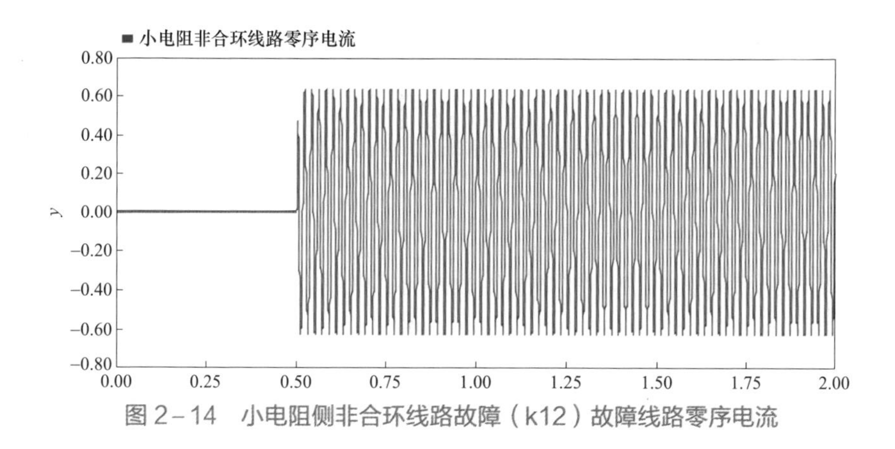

图 2－14　小电阻侧非合环线路故障（k12）故障线路零序电流

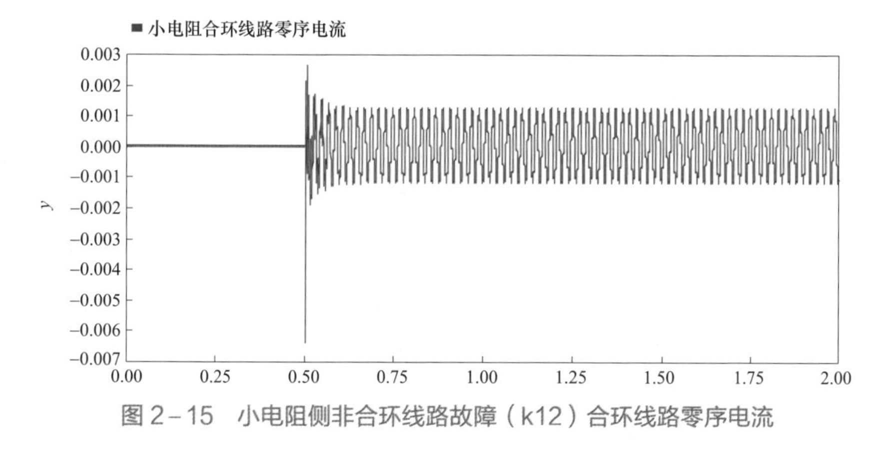

图 2－15　小电阻侧非合环线路故障（k12）合环线路零序电流

当原消弧线圈接地系统侧发生单相接地故障时，中性点小电阻接地与故障点之间形成回路，小电阻侧合环线路零序保护和合环开关均可检测到大小基本一致的故障电流，小电阻侧零序保护可能误动作，有必要在合环开关处配置保护，及时跳开合环开关，同时闭锁小电阻接地系统侧零序保护，并给原消弧线圈系统发出告警信号。

2. 采用方案 2 合环

当采用方案 2 合环时，整个系统改为经消弧线圈接地运行，小电阻已退出运行，零序电流没有通路，整个小电阻接地系统零序保护失效，整个系统经消弧线圈接地运行，需要考虑消弧线圈补偿容量是否满足过补偿的要求。此外，即使消弧线圈容量依然满足过补偿的要求，由于消弧线圈按照合环前的电容电流进行调谐，发生故障时稳态电流不能达到 10A 以下，不能使电弧熄灭。

由于小电阻接地系统电容电流通常较大，合环运行后原消弧线圈系统在增加原小电阻接地系统电容电流后，满足过补偿的可能性不高，故消弧线圈只能退出运行，整个系统改为不接地系统运行，风险较大。故该方式不推荐使用。

3. 采用方案3合环

当小电阻接地侧非合环线路发生故障时，故障线路原有零序保护可靠动作隔离故障。与此同时，合环线路由于合环后线路增长，电容电流增大，若未配置方向保护，其零序过流保护可能误动作。

当小电阻接地侧合环线路发生故障时，非合环线路流过容性电流，其零序过流保护不会误动。此时，中性点小电阻接地与故障点之间形成零序回路，小电阻接地侧零序可动作，隔离故障，但对于原消弧线圈接地系统，故障没有消失，此时原消弧线圈接地系统可带故障运行一段时间，需要由消弧线圈选线系统和保护系统正确动作隔离故障。合环开关上没有故障电流，建议在合环开关上配置保护同时跳开合环开关，彻底隔离故障。

当原消弧线圈接地系统侧发生单相接地故障时，中性点小电阻接地侧合环线路和合环开关上均流过大小基本相当的故障电流，合环线路零序保护很可能误动作。建议在合环开关配置保护，及时跳开合环开关，并闭锁小电阻侧零序保护，同时给消弧线圈接地系统发出告警，此时原消弧线圈接地系统可带故障运行一段时间。

4. 采用方案4合环

采用该方案合环时，系统在合环前已改为不接地系统运行。原小电阻接地系统零序保护不再适用，加之电容电流较大，系统存在较大的安全风险隐患。

5. 负荷转供策略分析

根据上文分析，在小电阻接地和消弧线圈接地并存的混合接地系统中，当主设备检修或故障需要进行负荷转供时，需要综合考虑电网运行安全、继电保护以及用户侧人身安全等多方面的因素，有以下几条建议：

（1）优先选择同类型接地系统进行负荷转供。

（2）在进行小电阻接地系统之间的负荷转供时，为避免合环后系统同时出现两个小电阻接地点，建议先退出检修或故障侧的中性点小电阻，再进行合环操作，合环成功后系统有且仅有一个小电阻接地点。

（3）在进行消弧线圈接地系统之间的负荷转供时，按照传统方式操作。首先要确定负荷转供后消弧线圈补充容量是否满足过补偿的要求，若不满足，则退出消弧线圈，系统改为不接地系统运行，并进行合环操作，合环成功后系统依然为不接地系统；若满足，需要确保负荷转供后消弧线圈可进行自动调谐，或人为将消弧线圈调整至转供后的恰当的补偿度。

（4）当不能满足在同类型接地方式间进行负荷转供时，分两种情况：① 当小电阻接地系统故障或检修，需要消弧线圈接地系统进行转带时，先退出中性点小电阻，进而按照步骤 3 中的方案进行负荷转供；② 当消弧线圈接地系统故障或检修，需要小电阻接地系统进行转带时，由于原消弧线圈接地系统没有进行保护接地和工作接地分离、多台区互联等改造，若直接改为经小电阻接地系统运行会存在人身安全隐患，建议将系统改为不接地系统运行，即先退出中性点小电阻，再转带消弧线圈侧的负荷。

2.3.4　380V 用户侧人身安全条件及影响要素

1. 380V 用户侧接触电压产生原因

我国低压系统（不只包括 380V）共有 3 种接地型式：TN、TT 和 IT。根据配网典设，城镇宜采用 TN 系统，农村宜采用 TT 系统。本书仅对 TN 系统进行讨论。

采用 TN 系统的 380V 配网的接地方式如图 2－16 所示。配电变压器的 380V 中性点与变压器保护地直接相连。380V 中性线（也称零线）既具有中性导体 N 的作用，又具有保护导体 PE 的作用，称为保护中性导体 PEN。

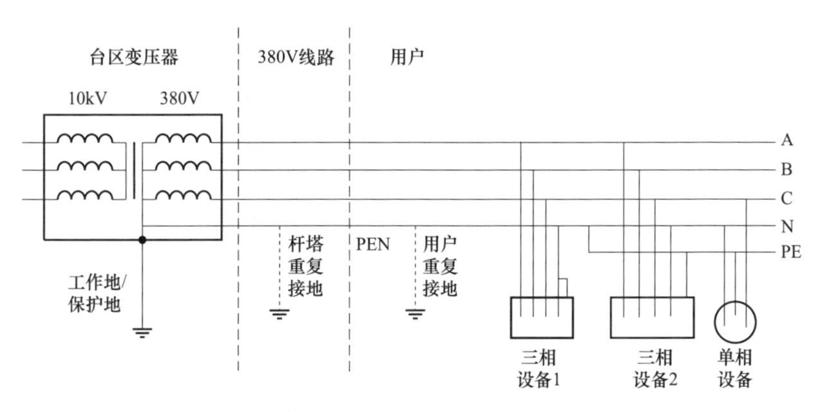

图 2－16　380V 的 TN 系统示意图

该 PEN 和三相线一起以架空线路或电缆的方式与用户设备相连接。根据相关规程，PEN 在干线、支接线及终端处应重复接地，接地电阻小于 30Ω。在引入建筑物处，PEN 也应重复接地，接地电阻小于 10Ω。

一般情况下，该 PEN 在进入用户建筑后会分成零线 N 和保护母线 PE，在此情况下，用户设备（如图 2－16 所示的三相设备 2 和单相设备）的保护接地线应与保护母线 PE 相连。根据 JGJ 16—2008《民用建筑电气设计规范》，建筑物内的 PE 应与建筑自身接地相连接，但早期修建的建筑物内 PE 可能未接地。当 PEN 没有分成 PE 和 N 时，用户设备（如图 2－16 所示的三相设备 1）的保护接地应与 PEN 相连。

10kV 某处配电台区出现单相接地短路时，故障电路如图 2－17 所示。其中，U_p 为相电压，R_z 为站内小电阻，R 为台区接地总电阻（台区保护接地电阻与 PEN 在其他重复接地点接地电阻的并联值）。故障电流经过台区接地总电阻 R 后，380V 的 PEN 电位被抬升，即产生暂时过电压 U，过电压数值由台区接地总电阻 R 决定。380V 用户设备的外壳与 PEN 电位相同，而用户设备所处的地面或建筑内部的电位可能是一个较低的值，人在触碰设备外壳时可能产生接触电压，超过人体承受能力即造成人身伤害。

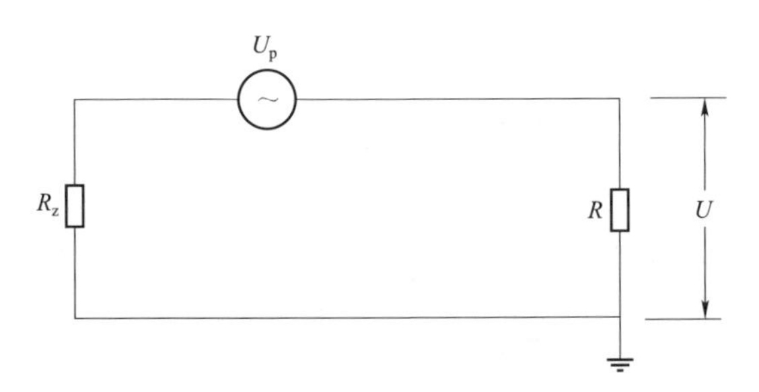

图 2－17　10kV 台区单相接地的故障电路

B 地区对 10kV 配网单相接地故障的整定时间为 0.1s，A 地区目前相间短路的整定值为 0.2～0.6s。考虑开关动作时间（40ms）和一定安全裕量，认为 A 地区小电阻接地改造后故障持续时间为 0.3s，根据 GB/T 13870.1—2008《电流对人和家畜的效应　第 1 部分：通用部分》给出的人体电阻随接触电压变化趋势以及人体承受电流与持续时间的危险曲线，如图 2－2 和图 2－7 所示，可认为在持续时间 0.3s 情况下用户接触电压不能超过 300V。

2. 考虑实际情况的人身安全隐患分析

在目前 10kV 与 380V 配网系统的接地方式下，接触电压的数值主要与建筑物的等电位联结方式有关。

建筑物采用等电位联结的示意图如图 2-18 所示。建筑物的自身导电体与大地形成有效连接，建筑物内需要接地的电气设施的安全接地点均与该接地体形成有效连接，形成与地的“等电位联结”。在此建筑物范围内如有独立的人工接地体，需将其接入“总等电位联结”。在该种接地结构中，建筑物内的金属管道均接入“总等电位联结”。

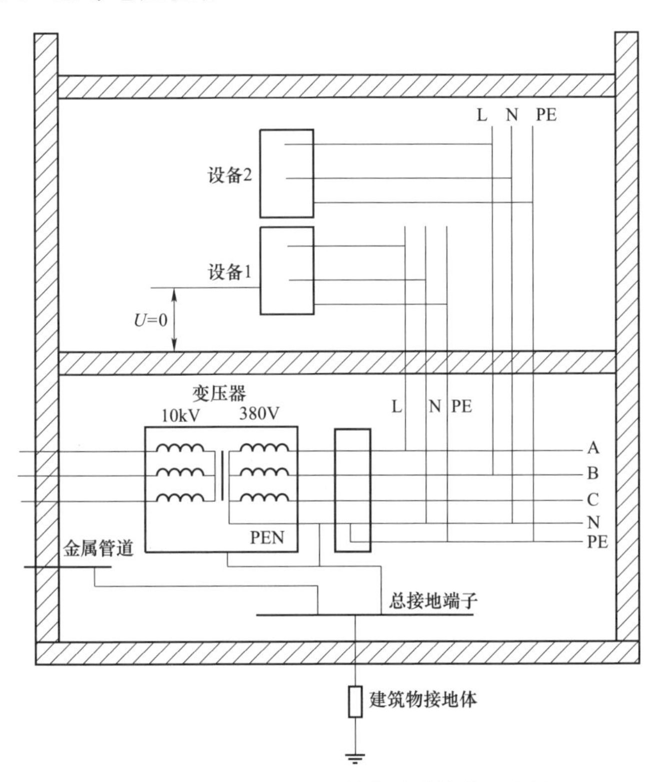

图 2-18　建筑物采用等电位联结的示意图

该情况常见于大型建筑，如酒店、办公楼及电梯公寓等。配电变压器可位于建筑内，也可在建筑外，PEN 与建筑物总接地端子相连，且分成 PE 和 N。在此接地方式下，即使因配电变压器接地故障引起“总等电位联结”体电位升高，人体可触碰的带电设备外壳与地面、金属管道等物体均处于等电位状态，理论上不会出现因接触电压引起的人身伤害。

建筑物未采用等电位联结方式指建筑物内用户设备保护接地与建筑物内其他金属导电体未形成等电位连接。对此情况，建筑物内用户设备保护接地电位受PEN线电位影响，建筑物金属管道、地面物体电位受建筑物外远方地电位影响。

配电变压器10kV高压侧发生接地故障时，台区配电变压器地电位升高，直接经PEN引至用户设备外壳，地电位升高值即为可能发生的接触电压值。设小电阻接地系统站内小电阻为10Ω，台区配电变压器接地电阻4Ω，380V杆塔有3重复接地且电阻10Ω，计算得到用户侧380V的PEN线、设备外壳电位将抬升至1kV，远超出人体所能承受的接触电压范围，存在较大安全风险。

根据调研及分析，避免接触电压引起人身伤害的改造方法如下。

（1）台区保护接地和工作接地各自采用独立接地体。在台区将保护接地和380V工作地分开，如图2－19所示。台区10kV接地故障时，故障电流经配电变压器的保护地入地，不会直接流经380V工作接地体。380V工作地的电位升高主要来自保护地散流时的地电位抬升。

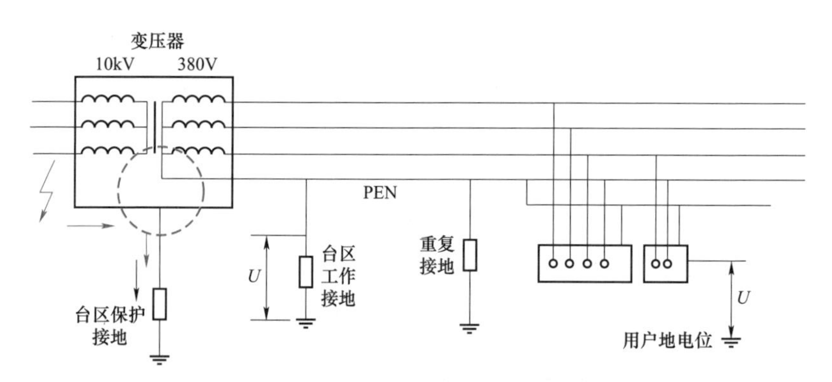

图2－19　TN系统分开接地示意

接触电压的数值与台区工作地与保护地分开距离紧密相关，并受重复接地点位置与数量的影响。根据GB/T 50065—2011《交流电气装置的接地设计规范》，380V的PEN线在引入建筑物处应重复接地，接地电阻不超过10Ω。但根据调研发现，城区内部分台区的PEN线并未在入户处重复接地。

A供电公司10kV台区接地的具体设计方案如图2－20所示。3个高1m直径150mm的石墨接地模块以3m等间距埋设于地面0.8m以下，并通过扁钢和接地引下线相连。

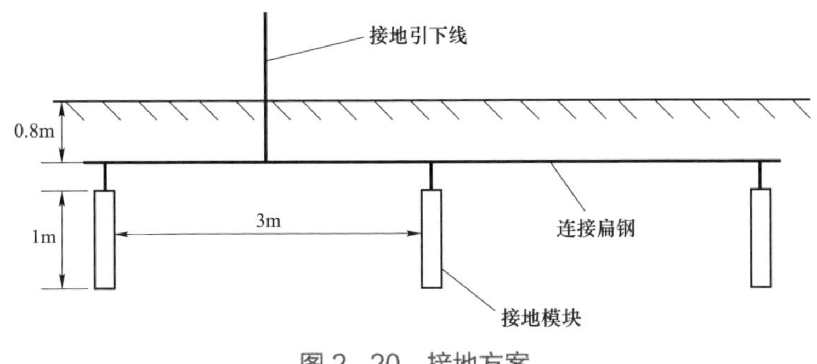

图 2-20　接地方案

本小节采用 CDEGS 进行场仿真。台区接地电阻为 8.3Ω，大于要求值 4Ω，但接近原型值 7.5Ω。台区保护接地与工作接地采用各自独立接地体方式下，PEN 线是否在入户处有重复接地对接触电压影响很大。因此，分别研究 PEN 线在入户处有、无重复接地的情况。

1）PEN 线在用户处无重复接地。如果小区楼房配电箱处未按规程规定做重复接地，那么 PEN 线的电位即是台区工作接地点的地面电位。接地引下线附近土壤的电位最高，峰值约等于接地体电位，为 2800V。地面电位在距离接地体边缘 10m 内迅速下降，随后下降速度放缓。若使 PEN 线电位降到安全值 300V 以下，保护接地体和工作接地体的边缘需相距 15m，如图 2-21 所示。

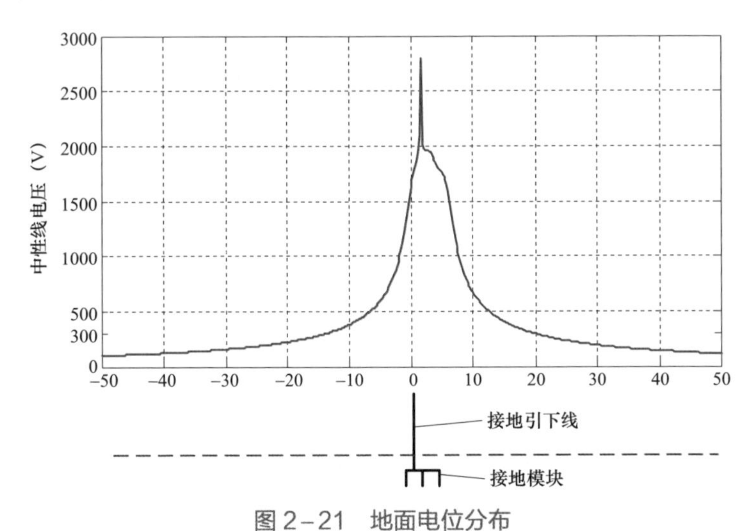

图 2-21　地面电位分布

2）PEN 线在用户处有重复接地。接触电压的数值与台区工作地与保护地分开距离紧密相关，并受重复接地点位置与数量的影响。这是因为连接工作接地和用户侧重复接地的PEN线，可以有效拉低台区工作接地在台区接地故障时的电位升高值，从而降低可能出现的接触电压。

分析重复接地点不同位置以及数量情况下，台区两个独立接地体间的最小距离。仿真模型如图2-22所示，PEN线的重复接地点为直线排列，排列方向与到台区的连线垂直，两个重复接地点之间的距离为8m。重复接地点构成的连线距离台区保护接地体距离为D，满足安全要求时台区两个独立接地体间的最小距离为d，两者关系见表2-5。

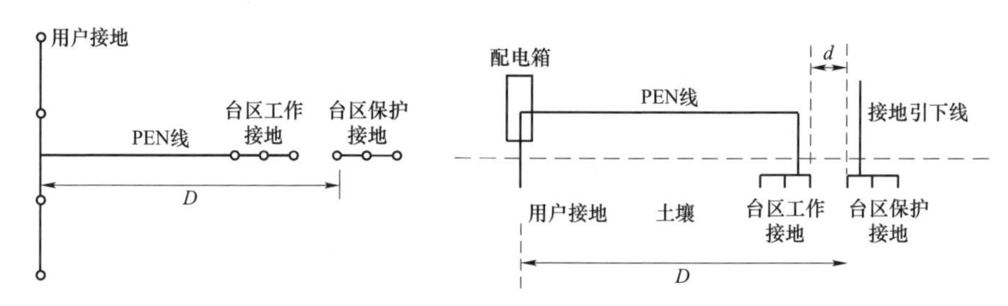

图2-22 仿真模型几何示意图

表2-5 两个独立接地体间最小距离 *d*

重复接地点数量	重复接地点与台区距离 D（m）			
	25	50	100	200
1	11	10	9	8
2	10	9	7	6.5
4	8	6	5	4.5

在PEN线仅有一个重复接地点且距离台区25m的最严苛情况，台区两个独立接地体的距离须大于11m。重复接地体数量的增大、与台区距离D的增加均可降低台区两个独立接地体的最小距离。

（2）多台区接地互联。多个台区保护接地互联是指，将城区内相邻台区的保护接地体通过架空线路或电缆相连接，其目的是降低台区接地电阻，从而实现降低因接地故障引起PEN电位抬升的数值。B地区改造方式是通过路灯系统将不同台区的380V PEN串接，以实现大量台区保护接地的并联。A地区的路灯系统不由电力公司管理，无法利用路灯系统实现多台区380V PEN串接。

根据A供电公司10kV与380V配电系统的变压器和线路的大部分情况，台区接地互联的方式见表2-6。根据A供电公司调研结果，对于台区为箱式变电站的情况，10kV 电缆（三芯）铠装层已将箱式变电站和环网柜的保护接地互联，若环网柜与变电站为全电缆（三芯）连接，那么变电站地网也参与互联。

表 2-6　　　　台区互联方式

序号	变压器	10kV 线路	380V 线路	互联方式
1	柱上变压器	—	架空线	相邻台区的 380V 杆塔搭接 PEN 线
2	箱式变压器	全电缆	电缆	变电站地网、环网柜接地体、箱式变电站接地体以及用户配电箱接地体通过电缆外层互联
3	箱式变压器	架空线与电缆	电缆	环网柜接地体、箱式变电站接地体以及用户配电箱接地体通过电缆外层互联

1）接地电阻阻值要求。对于没有等电位联结的建筑，接触电压即是经 PEN 线传递的台区工作接地暂时过电压值，故以下对暂时过电压数值进行分析。

设 10kV 站内中性点的小电阻为 10Ω，每个台区接地体接地电阻值需小于 4Ω，以下分析按 4Ω 计。根据图 2-17 所示的故障回路进行计算，接触电压与保护接地总电阻 R 的关系如图 2-23 所示。取接地故障持续时间为 0.3s，允许的接触电压为 300V，则保护接地总电阻应小于 0.5Ω。

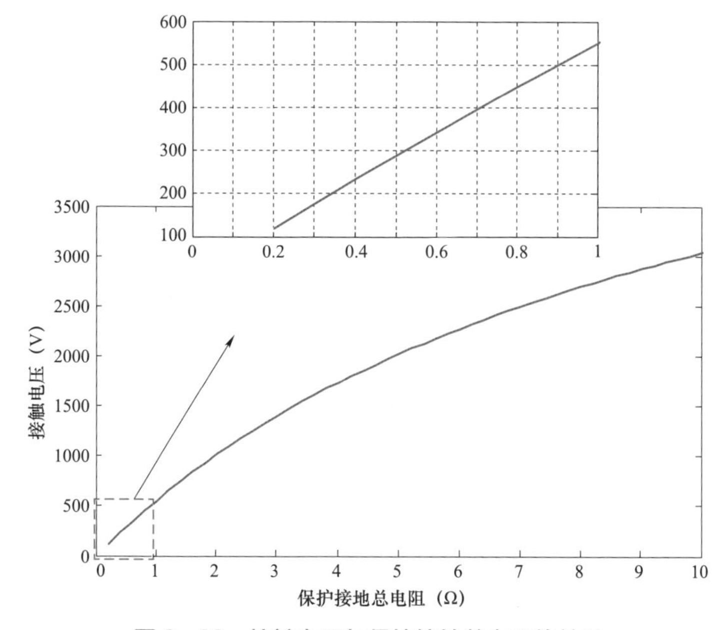

图 2-23　接触电压与保护接地总电阻的关系

2）降阻效果的影响因素。当台区间距在 50m 以内时，不同台区接地对地中散流存在相互影响，接地电阻不能看成独立电阻。经仿真分析，台区间距为 50m 时，不考虑台区相互影响的并联电阻大约为考虑相互影响时的 0.75；而台区间距在 100m 时，该比例变为 0.95。故对台区间距 100m 及以上的情况不需考虑台区相互影响，各台区接地电阻可看成独立电阻。对于采用 380V 杆塔搭接 PEN 线的互联方式，降阻效果主要影响因素为 PEN 线的阻抗；对于采用 10kV 电缆铠装层的互联方式，降阻效果主要影响因素为铠装层的阻抗。

根据 GB/T 50065—2011《交流电气装置的接地设计规范》，台区、环网柜保护接地的接地电阻均应小于 4Ω。PEN 线和 10kV 电缆铠装层的阻抗与具体型号有关，典型值约为 0.5Ω/km。在不考虑与变电站地网互联的情况，台区（包括环网柜）互联数目与保护接地总电阻的关系可直接通过电路仿真进行估算。不同台区间距下，保护接地总电阻和互联台区数量的关系如图 2–24 所示。可见，当间距较大时（>250m），由于导线自身阻抗的作用，为使总接地电阻小于 0.5Ω，随着台区间距的增大，需增加互联台区的数量。当台区间距为 100m 时，互联台区数量约为 9 台即可将总接地电阻降至 0.5Ω 以下；当台区间距为 500m 时，互联台区数量需增至 16 台才可将总接地电阻降至 0.5Ω 以下。

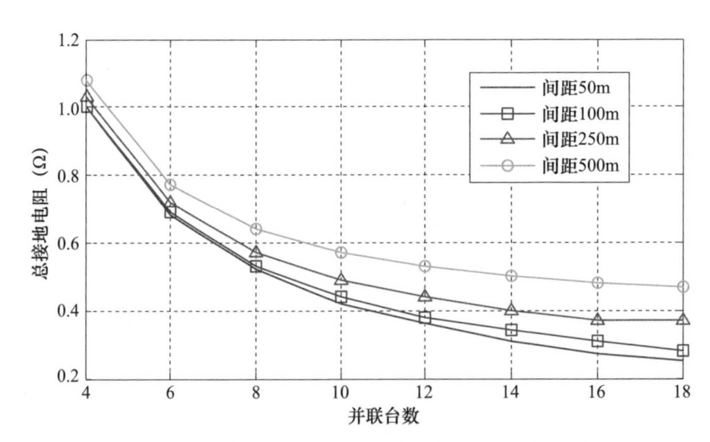

图 2–24　接地电阻与互联台区（包含环网柜）数量的关系

当台区间距较远时，可利用台区附近的 PEN 线重复接地减少互联台区数量。以台区间距 500m 的情况为例分析 PEN 线重复接地对多台区保护接地电阻互联效果的影响。根据规程与典设，台区接地电阻取 4Ω，用户重复接地取 10Ω，杆塔重复接地电阻取 30Ω，设 PEN 线在 380V 杆塔均匀分布 2 处重复接地点。图 2－25 对比了 PEN 线有、无重复接地时，互联台区数量与总接地电阻的关系。在台区间距 500m 的情况下，采取 PEN 线重复接地后，需互联台区数从 16 台降至 8 台。

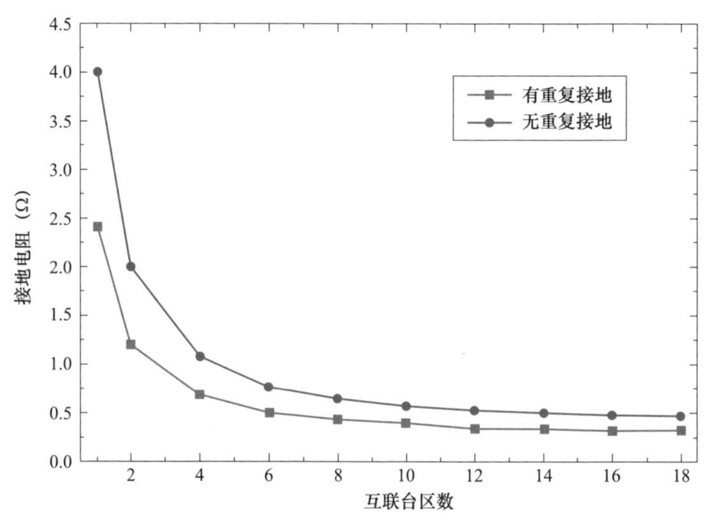

图 2－25 考虑重复接地电阻时，接电电阻与互联台区数的关系

2.4 站用变压器 35kV 侧三相电压不平衡问题

2.4.1 现象描述

甲换流站 500kV 站用变压器 511B、512B 采用 YN/y/d 接线（额定电压 535/35/35kV），其中 d 接线为平衡绕组，且 ac 相连接点单点接地，y 绕组接低压电抗器和站用负荷，如图 2－26 所示。当 500kV 高压侧电压 535kV，511B、512B 主变压器不带负载，合上甲 500kV 站用变压器开关，35kV y 绕组出现三相相电压不平衡；带一组低压滤波器（60MVA），35kV y 绕组各相电压基本不变，仍然不平衡。以合 512B 主变压器为例，其中 A 相电压 16.5∠0° kV，B 相 20.9∠－141° kV，C 相 24.3∠117° kV。35kV y 绕组线电压未发生畸变，其空载运行时 35kV 电压曲线如图 2－27 所示。

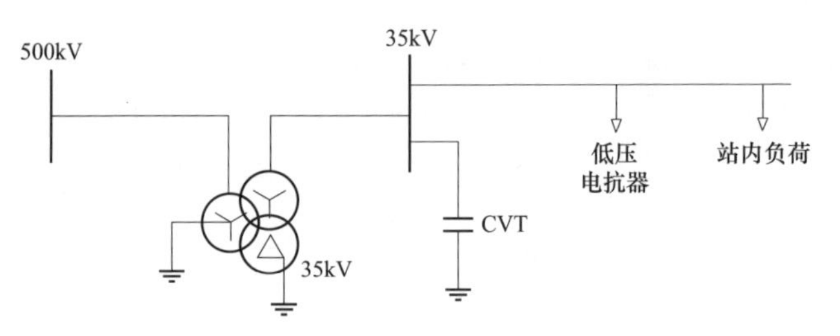

图 2-26　站用变压器各绕组结构

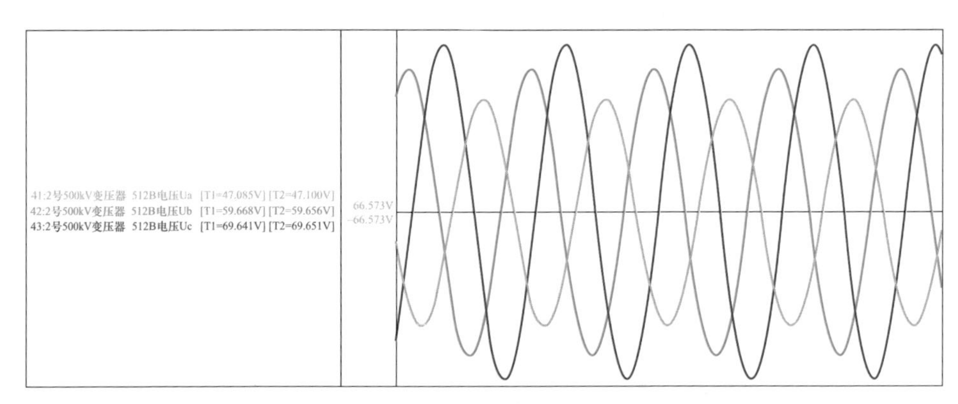

图 2-27　512B 主变压器空载运行时 35kV 电压曲线

2.4.2　初步分析

甲站站用变压器 35kV y 绕组线电压正常，因此可基本排除变压器绕组变比不对称问题。35kV y 绕组不接地，各相电压受接地负载影响大，因此不能忽略 35kV CVT（电容式电压互感器）等效电容、变压器 35kV 侧各绕组（包括 y 绕组和 d 绕组）及 35kV 母线的对地分布电容。

1. 35kV CVT

经测试，35kV CVT 等值电容为 20nF，三相不平衡度小于 0.3%，因此不会造成 35kV 相电压如此大的偏移。

2. 35kV 母线电容

y 绕组站内 35kV 母线约 37m，对地电容为10^{-10}F 级，相对 CVT 而言可以忽略。

3. 变压器本身分布电容影响

根据厂家提供测试结果，绕组间连同套管的介质损耗见表 2-7。

表 2-7　　甲站用变压器绕组间连同套管的介质损耗

测量绕组	C_x（nF）
高—低	7.8
高—低、稳、地	14.8
低—高、稳、地	32
稳—高、低、地	44

站用变压器绕组结构及分布电容如图 2-28 所示。

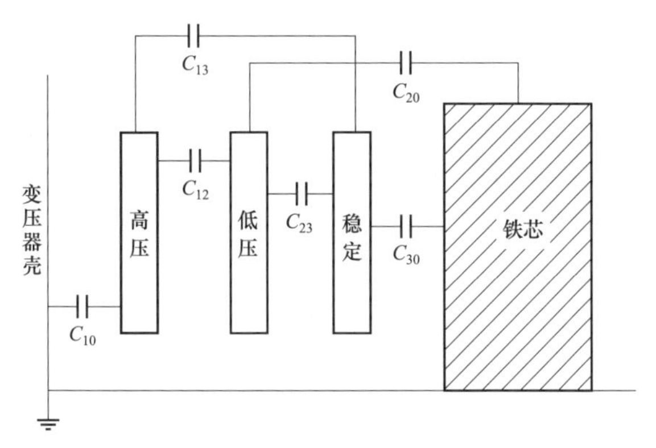

图 2-28　站用变压器绕组结构及分布电容

高—低、稳、地介质损耗测试时，低、稳压绕组接地；低—高、稳、地测试时高、稳绕组接地；稳—高、低、地测试时高、低压绕组接地，因此在测试时可作如下假设

$$C_{13}=0,\quad C_{20}=0$$

则可列出如下等式

$$\begin{aligned} C_{12}&=7.8\text{nF}\\ C_{10}+C_{12}&=14.8\text{nF}\\ C_{12}+C_{23}&=32\text{nF}\\ C_{23}+C_{30}&=44\text{nF} \end{aligned} \tag{2-4}$$

求解上述方程得

$$\begin{aligned} C_{10}&=7\text{nF}\\ C_{23}&=25\text{nF}\\ C_{30}&=19\text{nF} \end{aligned} \tag{2-5}$$

注：因测试方法为三相一起测量，上述求得的为三相总的电容值，单相需除以 3。

为反映 35kV d 绕组对 y 绕组相电压影响，采用 Π 形等值绕组建立 d 绕组与 y 绕组的等值电路如图 2–29 所示。

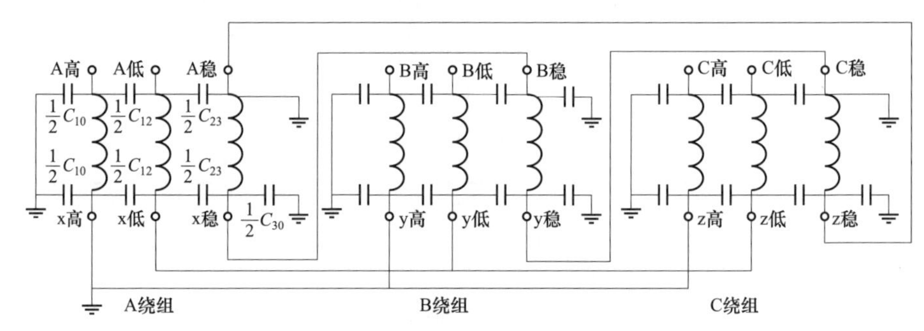

图 2–29 三相绕组间等值电容

由于高压绕组、稳压绕组各相电压恒定，可忽略高压绕组、稳压绕组对地电容，因此电容分压后的等值电路如图 2–30 所示，其中，$C_0=C_{CVT}$。

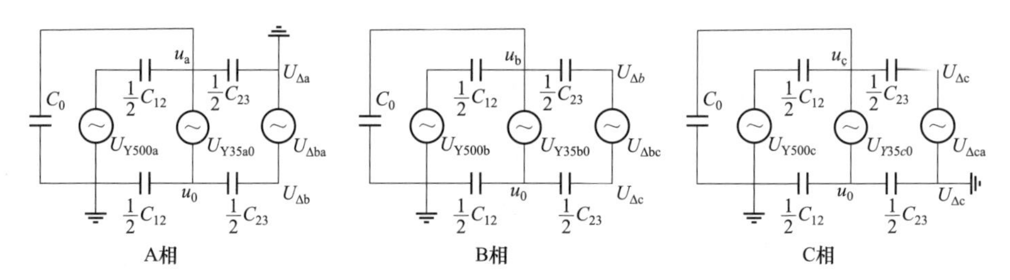

图 2–30 35kV d 绕组单端接地后等值电路

求解上述电路得

$$
\begin{aligned}
u_0 &= \frac{C_{23}}{3(C_{12}+C_{23}+C_0)}(u_{\Delta ba}+u_{\Delta ca}) \\
u_a &= u_0 + u_{y35a0} \\
u_b &= u_0 + u_{y35b0} \\
u_c &= u_0 + u_{y35c0}
\end{aligned}
\tag{2-6}
$$

即 y 绕组中性点电压及各相电压只和变压器内部分布电容以及 35kV 母线对地电容值相关。代入分布电容值，取 a 相相位为参考点得

$$
\begin{aligned}
u_a &= 15.9\,\text{kV} \\
u_b &= 20.9\angle -144^\circ\,\text{kV} \\
u_c &= 24.9\angle 117^\circ\,\text{kV} \\
u_0 &= 5.3\angle 140^\circ\,\text{kV}
\end{aligned}
\tag{2-7}
$$

对比实际三相不平衡电压，计算结果和实测误差很小，说明分析结果是可信的。当 d 绕组一点接地时，变压器内部的分布电容以及 CVT 构成分压电路，CVT 等价电容越大，y 绕组三相不平衡度越小。

2.4.3　电磁暂态仿真

利用 PSCAD 建立仿真模型，根据实际运行情况，取站用变压器 500kV 侧电压 535kV，CVT 每相取 20nF，忽略 35kV 母线对地电容。

1. 512B 站用变压器三相不平衡仿真

合空 512B 变压器后，35kV 侧各相电压仿真结果如图 2－31 所示，同样方式下电压实测结果如图 2－32 所示，电压矢量关系如图 2－33 所示，偏差见表 2－8。

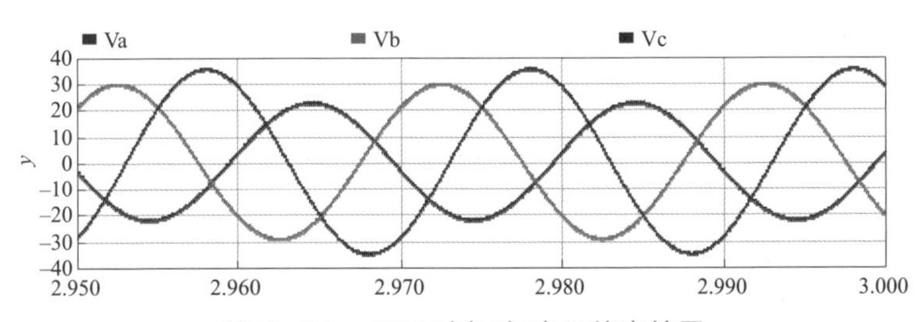

图 2－31　35kV 侧三相电压仿真结果

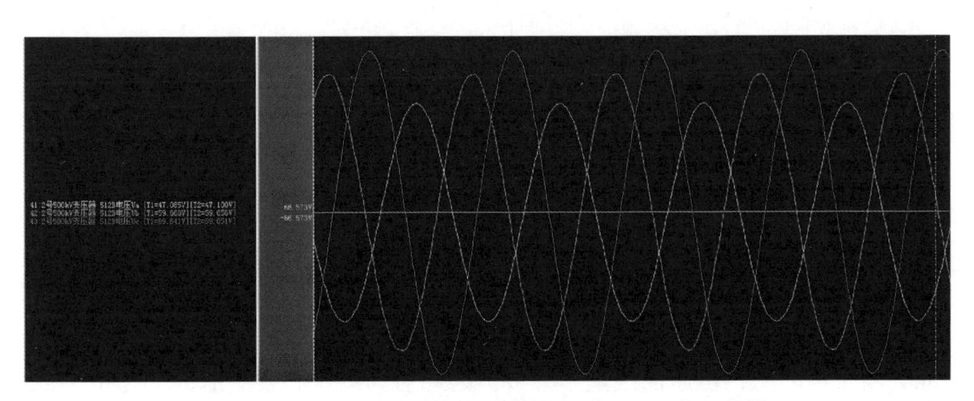

图 2－32　512B 主变压器空载运行时 35kV 电压曲线

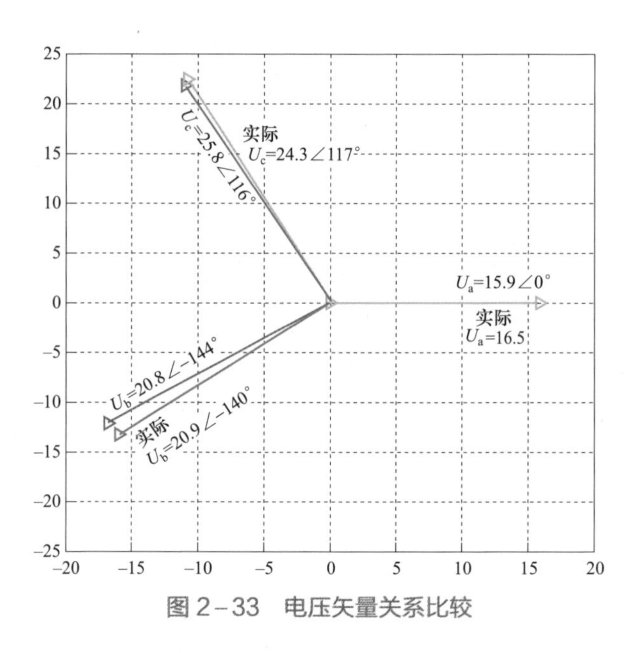

图 2－33　电压矢量关系比较

表 2－8　　35kV 侧相电压偏差

幅值/相位		A 相	B 相	C 相
幅值	实际值（kV）	16.5	20.9	24.3
	仿真值（kV）	15.9	20.8	24.8
	偏差百分数（%）	3.6	0.5	－2.2
相角	实际值（°）	0	－141	117
	仿真值（°）	0	－144	116
	偏差百分数（%）	0	－2.9	0.9

对比可知，电磁暂态仿真结果和实测结果高度匹配。A、B、C 三相电压幅值和实测值基本一致，最大误差小于 4%，仿真结果是可信的。

2. 511B 站用变压器三相不平衡仿真

511B 站用变压器和 512B 站用变压器 A、C 相序相反，仿真结果显示，A 相电压幅值最大，B 相次之，C 相最小，这和实际测量结果一致。511B 和 512B 35kV 侧实测的三相电压曲线基本一致，因此仿真结果和实测值偏差也和 512B 一致，如图 2－34 所示，这里不再赘述。

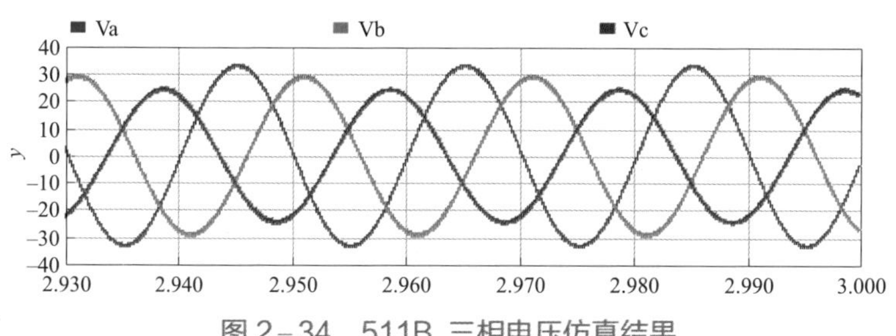

图 2-34　511B 三相电压仿真结果

3. 511B 站用变压器带站用负荷后三相不平衡仿真

511B 35kV y 绕组为不接地系统，带站用负荷无法解决三相不平衡问题，仿真结果也支持上述结论，如图 2-35 所示。

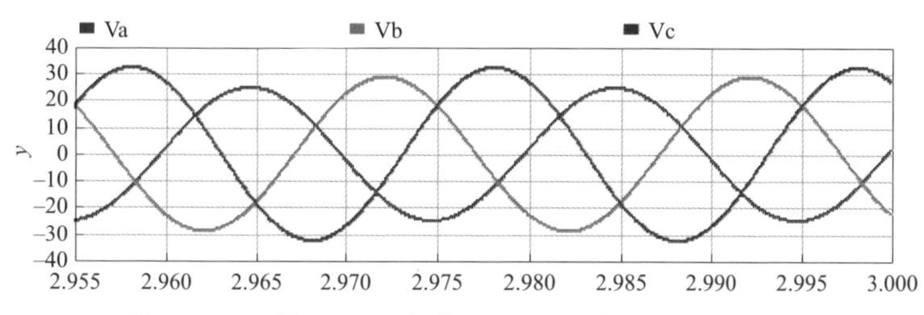

图 2-35　带 220V 负荷 100kW 时，35kV 相电压

2.4.4　不同措施下效果分析

1. 采用电压互感器

（1）将 CVT 更换为三相电压互感器。根据 ARTECHE 互感器公司提供的励磁特性数据，额定电压时三相电压互感器等值电抗 $1.8\times10^{7}\Omega$，代入式（2-6），计算结果为

$$
\begin{aligned}
u_{a} &= 10.3\,\text{kV} \\
u_{b} &= 25.5\angle -206^{\circ}\,\text{kV} \\
u_{c} &= 34.5\angle 84^{\circ}\,\text{kV} \\
u_{0} &= 15.5\angle 101^{\circ}\,\text{kV}
\end{aligned}
\qquad (2-8)
$$

即采用电压互感器后只会恶化三相不平衡度，仿真可得到相同结果，如图 2-36 所示。

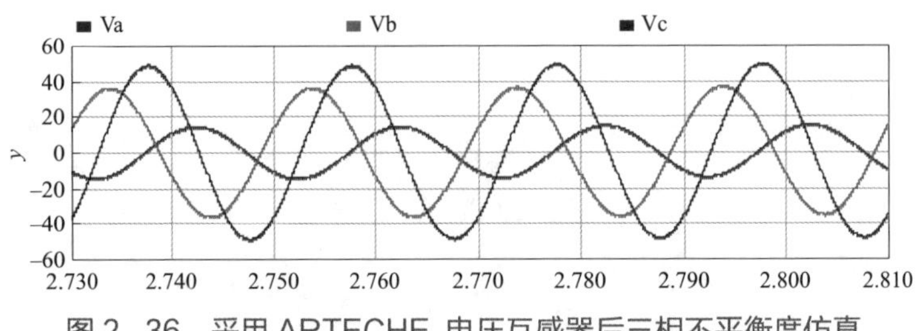

图 2-36　采用 ARTECHE 电压互感器后三相不平衡度仿真

（2）采用不对称电压互感器。若 35kV y 绕组侧对地容抗不平衡，则式（2-6）改写为

$$\begin{cases} u_0 = \dfrac{C_{23}(u_{\Delta\text{ba}} + u_{\Delta\text{ca}}) - (C_{01}U_{\text{Y35a0}} + C_{02}U_{\text{Y35b0}} + C_{03}U_{\text{Y35c0}})}{3(C_{12} + C_{23}) + (C_{01} + C_{02} + C_{03})} \\ u_\text{a} = u_0 + u_{\text{y35a0}} \\ u_\text{b} = u_0 + u_{\text{y35b0}} \\ u_\text{c} = u_0 + u_{\text{y35c0}} \end{cases} \tag{2-9}$$

式中：C_{01}、C_{02}、C_{03} 分别为 35kV y 侧对地等效电容（接电压互感器或 CVT）。

当采用羊角电压互感器，根据式（2-9）中的相位关系，羊角电压互感器接于 A、B 相，C 相悬空有助于降低三相不平衡度。

当采用的电压互感器励磁电流和 ARTECHE 数量级（二次电流 0.38A）相当时，不会改善不平衡度；当互感器空载励磁电流增大 10 倍时（体积增长约 10 倍），依然不会有效改善三相不平衡度，仿真结果如图 2-37 所示。

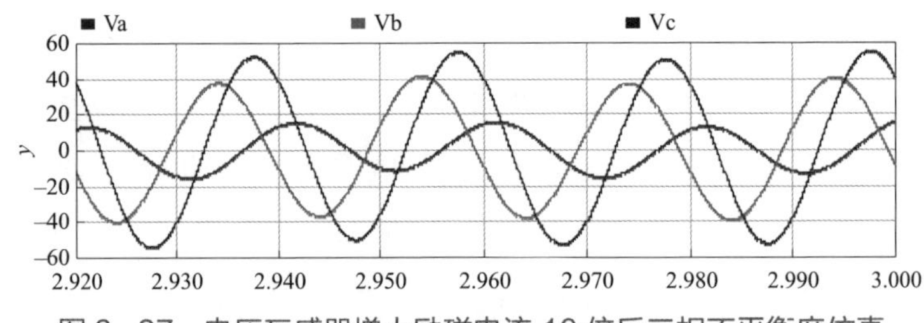

图 2-37　电压互感器增大励磁电流 10 倍后三相不平衡度仿真

2. 采用不对称 CVT 或并联电容

根据式（2-9），适当选择 y 绕组各相 CVT 或并联等值电容，可实现三相电压完全平衡。当 $C_{02} = \sqrt{3}C_{23} + C_{01}$，$C_{03} = 2\sqrt{3}C_{23} + C_{01}$ 时，三相可完全达到平衡。以 B 相、C 相分别并联 14nF 和 28nF 电容为例，并联电容后，y 绕组三相

达到完全平衡，仿真结果与计算结果一致，如图 2－38 所示。

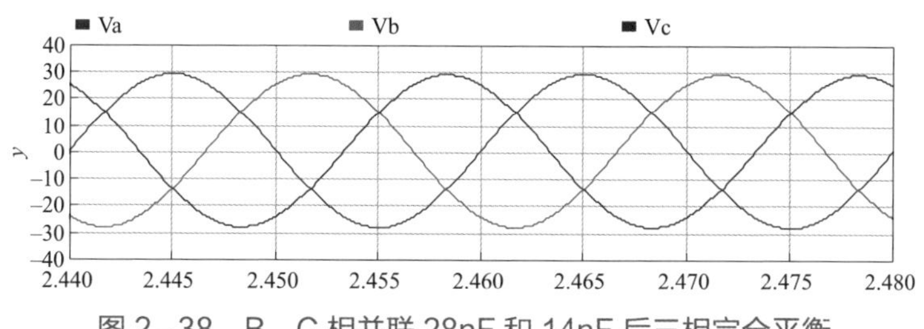

图 2－38　B、C 相并联 28nF 和 14nF 后三相完全平衡

3. 打开三角形接地点并加装避雷器

根据上述分析，三角形平衡绕组直接接地是造成三相不平衡的根本原因。打开三角形接地点，则三角形绕组各相对地电压均衡，可消除 y 绕组三相不平衡。为避免三角形平衡绕组内部电位悬浮，将两个套管引出的平衡绕组经避雷器接地是常用方法之一，结果如图 2－39 所示。

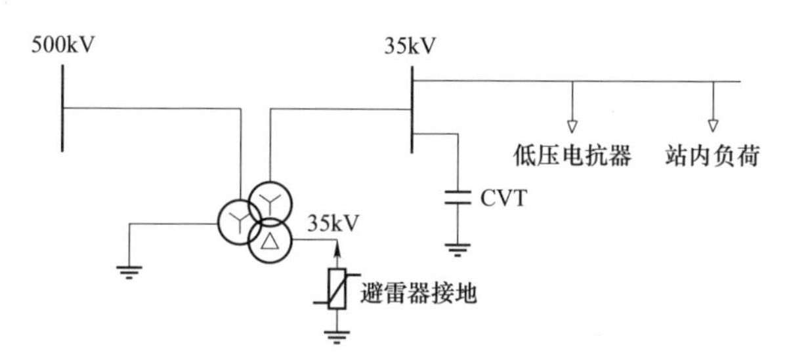

图 2－39　站用变电站三角形绕组经避雷器接地

取避雷器额定电压下等值电阻 73Mohm，等值工频电容 100Mohm，其数量级远大于变压器绕组对地电容，额定电压下呈现开路状态，35kV y 绕组三相电压能达到完全平衡，仿真结果如图 2－40 所示。

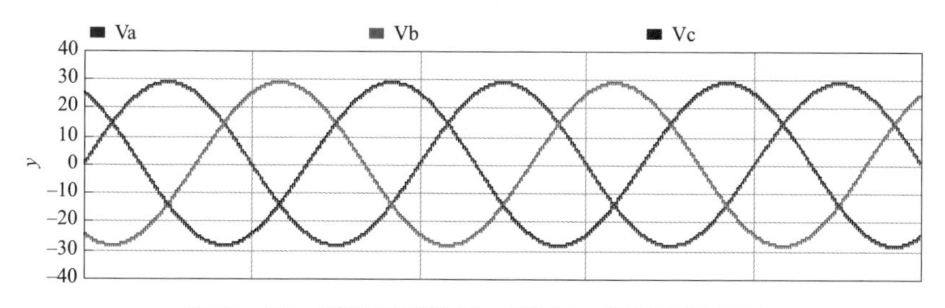

图 2－40　避雷器接地后，35kV y 绕组三相电压

2.4.5 小结

（1）500kV 甲站站用变压器本体结构基本对称，35kV 母线分布电容不平衡值很小，CVT 电容的不平衡度很小，上述因素不会引起站用变压器低压侧 35kV 母线相电压的严重不平衡。

（2）根据变压器试验报告提供参数进行仿真分析结果表明，当 35kV d 绕组单端接地时，会出现 35kV 侧母线电压三相不平衡现象，仿真结果和实测结果基本一致。可以确定 500kV 站用变压器 35kV 侧母线电压不平衡是由 d 绕组引出端直接接地引起。

（3）受电压互感器设计特性限制，更换三相电压互感器或采用 V 接线电压互感器不能解决站用变压器 35kV 母线电压不平衡问题。分别改变每只 CVT 主电容参数或者通过并联电容改变等值对地电容，理论上可实现 35kV 母线电压平衡。但考虑到准确确定并联电容参数的困难及制造特殊 CVT 的困难，不推荐采用此方案。

（4）将 35kV d 绕组引出端经避雷器接地，可解决 500kV 站用变压器低压侧 35kV 母线电压不平衡问题。基于该方案的成熟性及实施的方便性，推荐采用此方案。此方案需请变压器制造厂家核实变压器 d 绕组绝缘水平并做好避雷器选型工作。

2.5 110kV 变电站 35kV 母线失电压事件

2015 年 1 月 30 日 21:23:43，110kV 甲变电站 1 号主变压器 35kV 后备保护装置启动，1 号主变压器 301 断路器跳闸；21:23:44，2 号主变压器 35kV 后备保护装置启动，2 号主变压器 302 断路器跳闸。35kV Ⅰ母、Ⅲ母母线失电压。

经检查发现 35kV 分段 313 断路器手车上、下触头及触头臂有放电痕迹，手车断路器本体有较大的烟熏、灼伤的痕迹，C 相真空泡存在裂纹。

跳闸后，检修试验人员将 35kV Ⅰ母及Ⅲ母、35kV 分段间隔申请停电进行检查。工作人员发现 35kV 分段 313 断路器手车上、下触头及触头臂、真空泡底座等部位均存在相间放电痕迹，如图 2－41 所示，具体受损如下：

（1）35kV 分段 313 断路器手车上、下触头三相触头臂间存在相间放电痕迹。

（2）35kV 分段 313 断路器真空泡底座间存在三相短路放电痕迹。

（3）真空泡表面存在放电、灼伤痕迹。

图 2-41　现场照片

2.5.1　事件过程及原因分析

1. 保护动作逻辑分析

经录波报告、现场检查综合分析，在 21:23:43 时甲变电站 35kV 分段 313 断路器间隔内，分段 313 断路器下触头臂（靠 35kV Ⅰ母侧）间发生 B、C 相相间短路故障，B、C 相相间短路引起柜内温度急剧上升，并产生大量金属杂质，导致柜内空气绝缘破坏，经过 70ms 发展为 A、B、C 三相短路故障。分段 313 断路器Ⅰ母侧故障在 1.6s 后由限时速断过流 T2 动作出口跳 301 断路器进行了切除，35kV Ⅰ母失电压。同时，在分段 313 断路器下触头臂间发生 B、C 相相间短路故障时，位于上方的分段 313 断路器上触头臂（靠 35kV Ⅲ母侧）间于 1200ms 后也发生了 A、B 相相间弧光放电，随后在 1240ms 后转为三相故障。分段 313 断路器 35kV Ⅲ母侧的故障也在 1.6s 后由限时速断过流 T2 动作出口跳 302 断路器进行了切除，35kV Ⅲ母失电。

综上所述，在故障过程中保护动作行为是正确的。

2. 事故原因初步分析

（1）35kV Ⅰ母所带三条出线中 A 线长期处于检修状态，B 线在冷备用状态，仅 C 线运行，35kV Ⅲ母上 D 线、E 线处于检修状态，线路无负荷。35kV 系统实际负荷均来自 35kV C 线。

（2）供电片区内某锻造有限公司的电弧炉在生产过程中，存在反复的负荷冲击（负荷曲线如图 2-42 所示），其电弧炉和精炼炉断路器也反复拉合，特别是在停炉（停炉时先将电极拉出炉内液体表面再停电）、加料（经了解，因所加材料不同，可停电加料，也可带电加料）等情况下，相当于切断一台空载变压器，会产生很大的操作过电压（截流过电压），因用户 35kV 开关柜绝缘水平比甲变电站 35kV 开关柜高，其电弧炉真空开关也较常规相间距离更大，故其在生产过程中的截流过电压会对甲站 35kV Ⅰ母绝缘水平相较薄弱部分形成累计冲击，造成该部分设备绝缘水平不断降低。

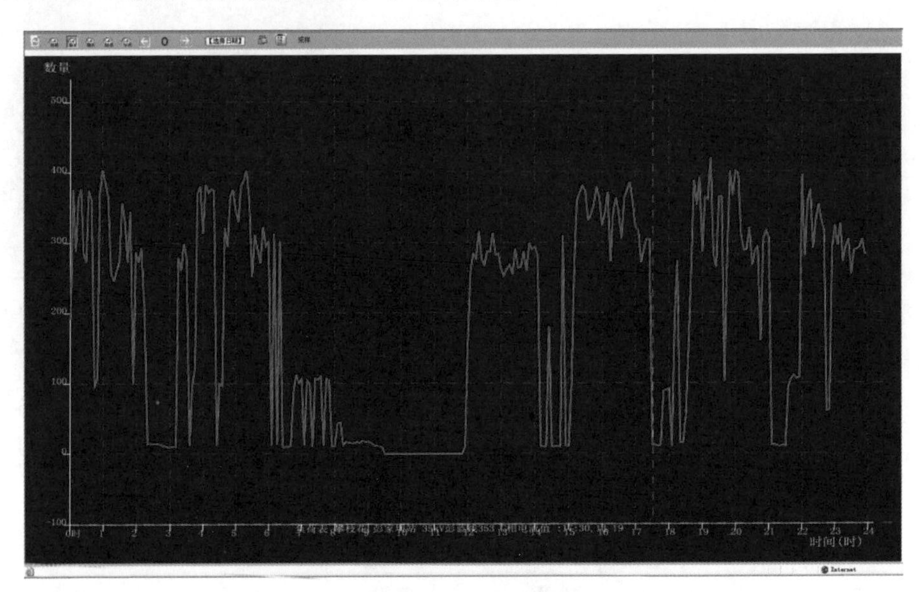

图 2-42　负荷曲线

（3）结合故障前电网运行情况，初步判断系统内存在过电压引起 35kV 分段 313 断路器手车下触头臂（靠 35kV Ⅰ母侧）间绝缘击穿，引起其上触头臂（靠 35kV Ⅲ母侧）间绝缘击穿，导致 35kV Ⅰ母、Ⅲ母保护正确动作而失电。

（4）35kV Ⅰ母多次间歇性的短时过电压是导致本次事件的主要原因。因当时 35kV 系统仅存在 35kV C 线铸造公司用户，可初步判断由于该铸造公司在生产中负荷的反复冲击及开断产生过电压，导致甲变电站 35kV 开关柜设备绝缘薄弱点因过电压发生击穿短路。

2.5.2　建议

该锻造公司所配置的阻容过电压吸收器和 MOA 出厂日期较久，且未见每年的例行电气试验数据，供电公司已要求用户立即对该装置和 MOA 进行试验。

为降低高频过电压，在 100～45 000kVA 的电弧炉变压器，其阻容吸收器经验选择电容为 0.1μF，电阻值为 100Ω，应要求用户配置参数合理的 ZR 型阻容吸收器，以限制操作过电压。

2.6　35kV 电压互感器熔丝熔断案例

2.6.1　甲变电站 35kV 电压互感器高压侧熔丝熔断事件梳理

1. 事件过程

110kV 甲变电站在 2014 年 5 月 26 日、5 月 30 日以及 7 月 1 日，分别发生了母线 A 相、C 相以及 B 相熔丝熔断的情况。根据录波，熔断后 35kV 母线对应相的二次侧电压基波有效值会有明显的降低，同时波形也出现明显畸变。利用 110kV 甲变电站录波文件，对 7 月 1 日 35kV Ⅲ母电压互感器 B 相高压侧熔丝熔断事件进行梳理，通过对该日 19:47～20:42 近 1h 的波形进行梳理，可以得到这段时期甲变电站 35kV Ⅲ母电压互感器二次侧三相电压有效值的变化趋势如图 2-43 所示。

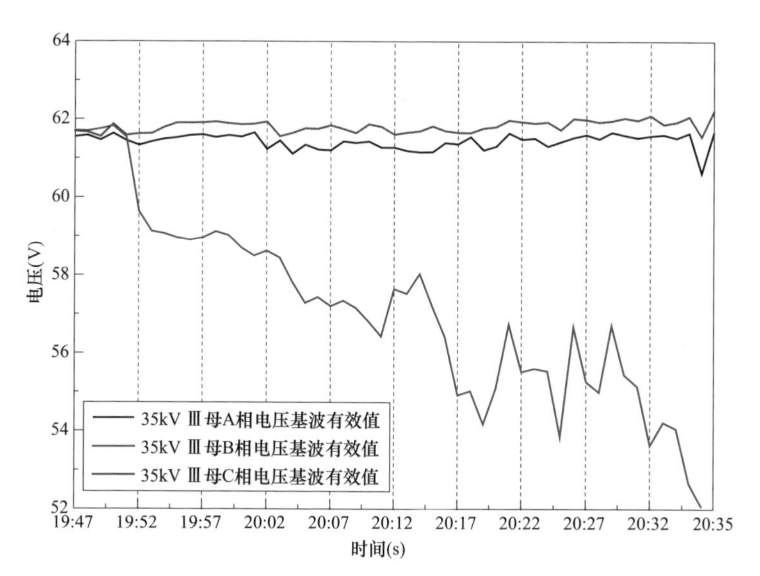

图 2-43　7 月 1 日 19:47～20:42 甲变电站 35kV Ⅲ母电压互感器二次侧三相电压有效值变化

图 2-43 中，在 19:52 前甲变电站 35kV Ⅲ母三相电压保持基本平衡，而在 19:52 以后母线 B 相电压出现明显跌落，并在后续过程中持续下降。同时录波波形表明，母线 B 相电压畸变率也逐渐增加，三相零序电压明显上升。

图 2-44 所示为 7 月 1 日 23:44:49 甲变电站 35kV Ⅲ母电压互感器二次侧三相电压波形，如图可知，此时 35kV Ⅲ母 B 相电压的基波有效值已经跌落至 20V，而 A、C 两相电压则保持正常。同时，通过录波可以发现此时 B 相电压畸变严重，三相零序电压有效值达到 25V 以上。

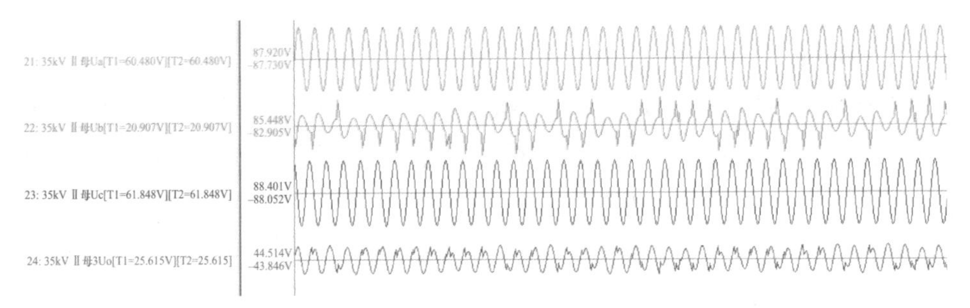

图 2-44 7 月 1 日 23:44:49 甲变电站 35kV Ⅲ母电压互感器二次侧三相电压波形

通过与供电公司相关工作人员交流，编者认为该现象即为熔丝熔断现象，根据上述分析可以初步判断，7 月 1 日所发生的 110kV 甲变电站 35kV Ⅲ母电压互感器 B 相熔丝熔断发生的初始时刻即为 19:52。

2. 熔丝熔断原因分析

2014 年 7 月 1 日 19:52:03 开始记录的甲变电站 35kV 母线电压互感器二次侧三相电压波形如图 2-45 所示。

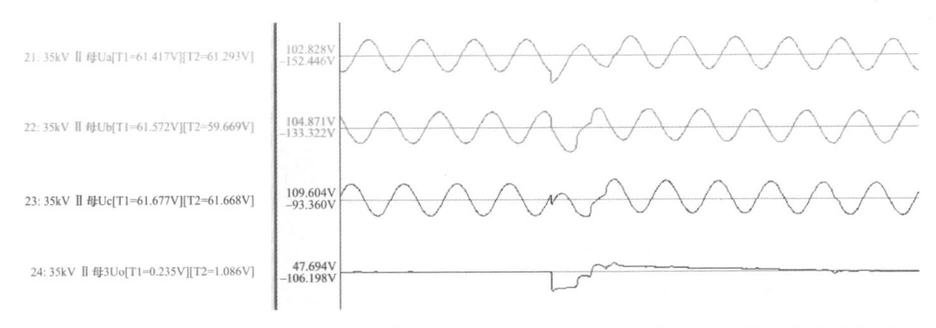

图 2-45 7 月 1 日 19:52:03 甲变电站 35kV Ⅲ母电压互感器二次侧三相电压波形

由图 2-45 可知，19:52:03:847 甲变电站 35kV 侧网络出现了一次短时的 C 相接地故障，持续时间约为 8ms。故障期间 C 相电压有明显下跌，而 A、B 两相电压则有明显的升高。故障发生前后，35kV Ⅲ母电压互感器的 B 相电压有效值从 61.572V 下降至 59.669V。

综合图 2－44 与图 2－45 可以初步判断，19:52:03:847 在甲站 35kV 侧网络上所发生的 C 相接地故障，是导致甲变电站 35kV Ⅲ母电压互感器 B 相高压侧熔丝熔断的直接原因。

2.6.2　甲变电站 35kV 电压互感器高压侧熔丝熔断事件机理分析

1. 理论分析

对于中性点不接地系统，当一相接地时，正常相电压将升高到线电压。当接地故障消失后，为了保持系统平衡，各相对地电压则力图恢复到正常运行的相电压的水平。在此过程中，正常相则会出现电荷释放的物理过程。由于中性点不接地系统中没有其他的泄流通路，自由电荷仅能通过互感器的一次绕组泄往大地。由于自由电荷释放过程的振荡频率偏低，因此在释放过程中极有可能引起电压互感器铁芯的饱和。具有过饱和铁芯的电压互感器，在工频电源电压作用下也将出现很大的冲击电流。泄漏电流与工频冲击电流共同作用，则可能造成熔断器熔断。

2. 仿真验证

利用 PSCAD 搭建甲变电站 35kV 电网的电磁暂态仿真模型。

设置 t=0.5s 时，35kV 网络内 C 相出现短时单相接地故障，持续时间 8ms，接地阻抗 1000Ω。由此，可以得到在熔丝不熔断的情况下，甲变电站 35kV 母线电压互感器二次侧电压与高压侧电流如图 2－46 所示。

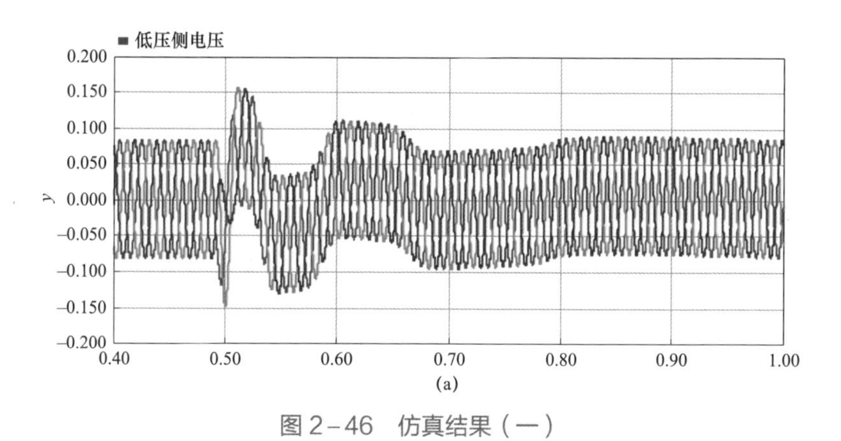

图 2－46　仿真结果（一）

（a）甲变电站 35kV 母线电压互感器二次侧电压

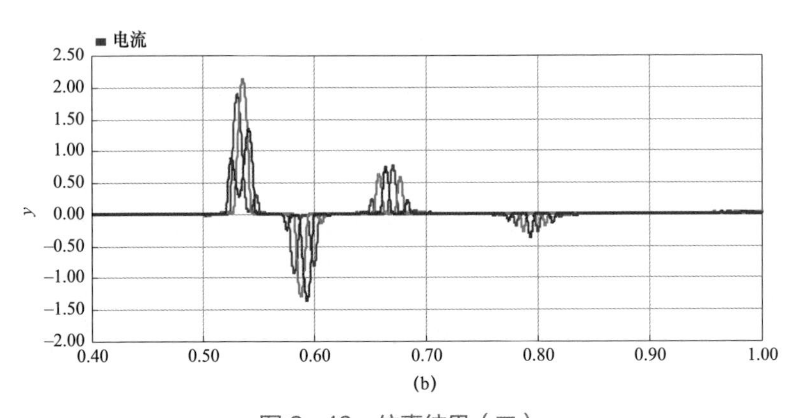

(b)

图 2–46 仿真结果（二）

（b）甲变电站 35kV 母线电压互感器高压侧电流

由图 2–46 可知，在 C 相单相短路结束后，甲变电站 35kV 母线上出现了一个低频的自由衰减分量，该分量导致电压互感器出现饱和。仿真表明，该工况下 35kV 电压互感器高压侧电流达到 2.0A，超过了熔丝的额定电流 0.5A，熔丝熔断概率较高。

2.6.3 电压互感器高压侧熔丝熔断抑制方法建议

根据前文分析结论，35kV 电压互感器高压侧熔丝熔断是由于 35kV 电网出现单相短路后，正常相的电压在从线电压恢复到相电压的过程中，自由电荷经电压互感器高压侧绕组释放并导致电压互感器铁芯饱和所造成的。根据这一机理，可提出以下两条抑制方法建议。

1. 变压器中性点加装消弧线圈

变压器中性点加装消弧线圈后，在 35kV 电网单相故障恢复期间，自由电荷将增加一条释放通道，流经电压互感器铁芯的自由电荷将明显减小，铁芯饱和将得以抑制。因此，利用在变压器中性点加装消弧线圈可以有效地抑制 35kV 电压互感器高压侧熔丝的熔断问题。

利用 PSCAD 仿真软件，对甲站 35kV 电网的电磁暂态进行仿真。与 2.6.2 节仿真工况不同的是，模型中在甲站主变压器 35kV 侧中性点装设了消弧线圈。线圈电感值刚好实现 35kV 电网过补偿。依然设置 $t=0.5$s 时，35kV 网络内 C 相出现短时单相接地故障，持续时间 8ms，接地阻抗 1000Ω。可以得到在熔丝不熔断的情况下，甲站 35kV 母线电压互感器二次侧电压与高压侧电流如图 2–47 所示。

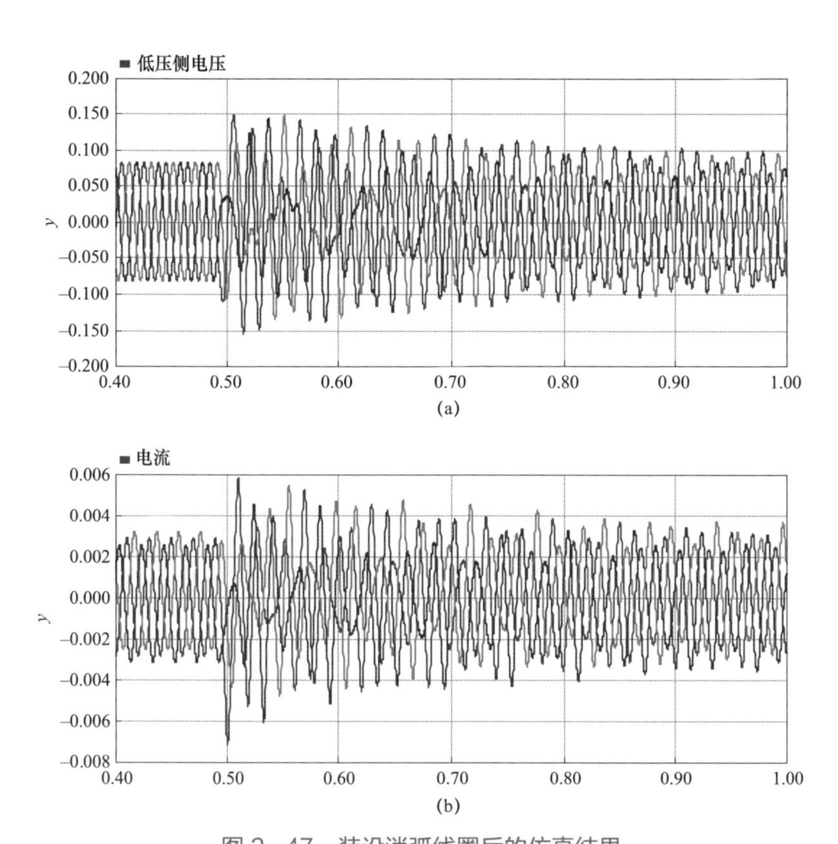

图 2-47　装设消弧线圈后的仿真结果

（a）甲站 35kV 母线电压互感器二次侧电压；（b）甲站 35kV 母线电压互感器高压侧电流

对比仿真结果可知，系统装设消弧线圈后，C 相单相短路在 35kV 电压互感器高压侧产生的电流由 2.0A 下降至 0.007A。由此，验证了消弧线圈可以有效抑制电压互感器高压侧熔丝熔断的结论。

2. 扰动原因排查

由于电压互感器高压侧熔丝熔断原因是低压侧电网单相短路等扰动造成的，消除扰动则可以在根本上解决电压互感器高压侧熔丝熔断的原因。

因此建议，供电公司对 35kV 和 10kV 电网的绝缘情况进行排查，重点梳理在风偏情况下非绝缘架空线路与周边树木的距离，同时关注雷击、冲击负荷等因素对低压电网电压扰动的影响。

第 3 章　薄弱电网安全运行问题

3.1　光伏外送分析案例

光伏电站常建于偏远地区，需通过长线路外送。本小节以四川某薄弱电网地区光伏电站为例，说明光伏电站接入薄弱电网存在的安全稳定风险。

3.1.1　接入方案

研究对象光伏电站 a、b、c，a 站通过 110kV 甲—乙—丙—丁—戊—己—庚—辛—壬—癸线路送出，从丑站至癸站串供距离长达 560km。b、c 光伏已投运，需计算 a 光伏接入 110kV 甲变电站相关问题，如图 3－1 所示。

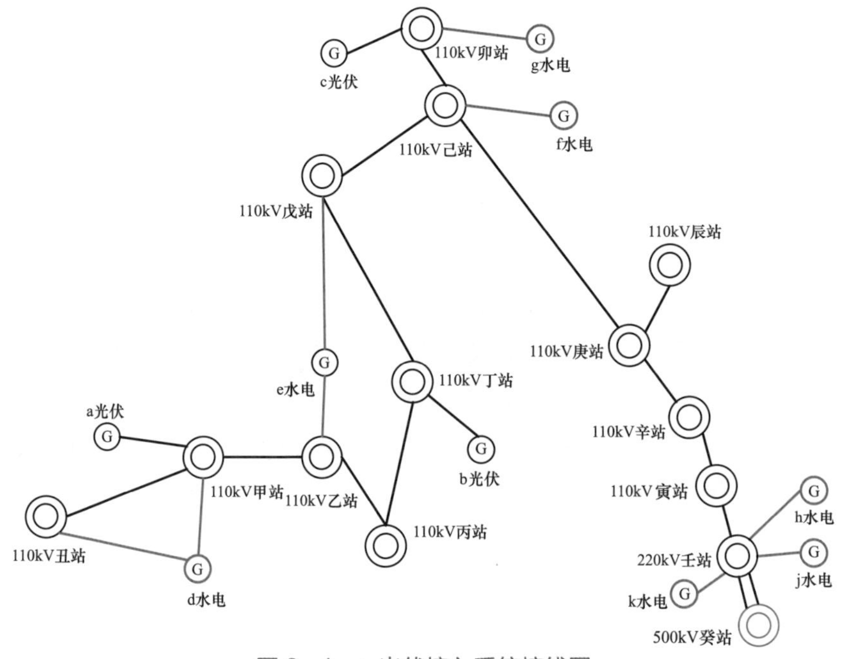

图 3－1　a 光伏接入系统接线图

所有光伏配套 SVG 按光伏装机容量的 15%考虑。a 光伏电站最大出力 10MW，无功配置±1.5Mvar，b 光伏、c 光伏电站最大出力 20MW，无功配置±3Mvar。计算时，变电站 110kV 侧母线电压波动范围按（0.97～1.07）U_n 进行控制。线路型号见表 3－1。

表 3－1　　110kV 线路型号

线路	线型	长度（km）
丑—甲	LGJ120	27.8
甲—乙	LGJ120	48.98
乙—丙	LGJ150	25
丙—丁	LGJ150	63
丁—戊	LGJ150	78
戊—己	LGJ120	55.3
己—庚	LGJ120	124
庚—辛	LGJ240	27
辛—寅	2×LGJ240	21

根据《A 地区电力系统年度运行方式》，确定负荷分布和水电出力。

（1）负荷分布。各站点负荷功率因数按 0.9 考虑，丰大、丰小、枯大、枯小四种典型方式下站点负荷见表 3－2。

表 3－2　　站点负荷　　单位：MW

方式	丑	甲	乙	丙	丁	戊	己	卯	庚	辰	寅	辛	总计
丰大	3.2	0.8	1.6	2.4	1.6	4	2.4	2.4	16	8	20	16	78.4
丰小	2.9	0.73	1.4	2.18	1.4	3.6	2.2	2.2	14.5	7.3	18.1	14	71.1
枯大	2.8	0.72	1.4	2.16	1.4	3.6	2.16	2.1	14.4	7.2	18	14	70.6
枯小	2.5	0.64	1.2	1.92	1.2	3.2	1.92	1.9	12.8	6.4	16	12	62.8

（2）水电出力。丰期方式，考虑水电都满发；枯期方式仅壬站上网电厂有少量出力，见表 3－3。

表3-3　　水电出力　　单位：MW

方式	d电站	e电站	f电站	g电站	h电站	j电站	k电站
丰大	2.5	0.42	2.5	2.5	36	39	24
丰小	1.5	0.2	1.5	1.5	24	26	16
枯大	0	0	0	0	0	39	0
枯小	0	0	0	0	0	39	0

3.1.2 稳态、动态调节能力分析

1. 光伏接入后稳态调压能力分析

对丰大、丰小、枯大、枯小四种方式进行计算。

a光伏未并网，线路长，充电功率大，负荷轻，末端电压偏高，通过主变压器分接头控制等措施，可将全网电压变化总体可控制在–3%～+7%范围内，但调压能力较低。a光伏接入后，甲—乙—丁—壬送出功率增加，线路压降比较明显。考虑该地区主网分接头调压、光伏电站配置SVG等设备的调压能力，a光伏接入后系统电压可以保持在合理范围内，具有一定稳态调压能力。由于庚站负荷较重，辰站通过庚站串供，其电压最低（约110kV）。各站点电压均有所下降，其中戊站电压下降最大，下降率约3%。a光伏接入后，稳态电压总体可控制在正常范围。

2. 光伏出力变化对系统影响分析

对丰大、丰小、枯大、枯小四种方式进行计算。

考虑a光伏从零在1.5s内出力快速增大至额定出力、从零出力瞬间增大至额定出力两种工况。

A：a光伏从零在1.5s内出力快速增大至10MW。

丑站、甲站、丁站、b光伏电压缓慢增加，增幅在2～3kV，随后电压逐渐降低，其余站点电压均逐渐下降，电压变化均在–3%～+7%范围内。

B：a光伏从零出力瞬间增大至10MW。

丑站、甲站稳态电压升高约2kV，其余站点稳态电压下降2～3kV，过电压均低于130kV。

离a光伏最近的乙站和甲站上网小水电受冲击最严重，其最高频率可升至

50.5Hz，最低频率为 49.6Hz，但系统保持稳定。a 光伏远处的 f 电站等水电机组受扰后频率波动极小。以丰小方式为例具体说明。

（1）a 光伏从零出力快速增大至额定出力。a 光伏出力在 1.5s 内从 0 增至 10MW，丑、甲、乙、丙、丁、b 光伏等站电压缓慢增加，增幅在 0.5～2kV，其余站点电压均逐渐下降，电压变化均在 –3%～ +7%范围内，如图 3 – 2 所示。系统频率变化极小，所有机组调速器均能跟随系统状态变化调整频率至 50Hz。

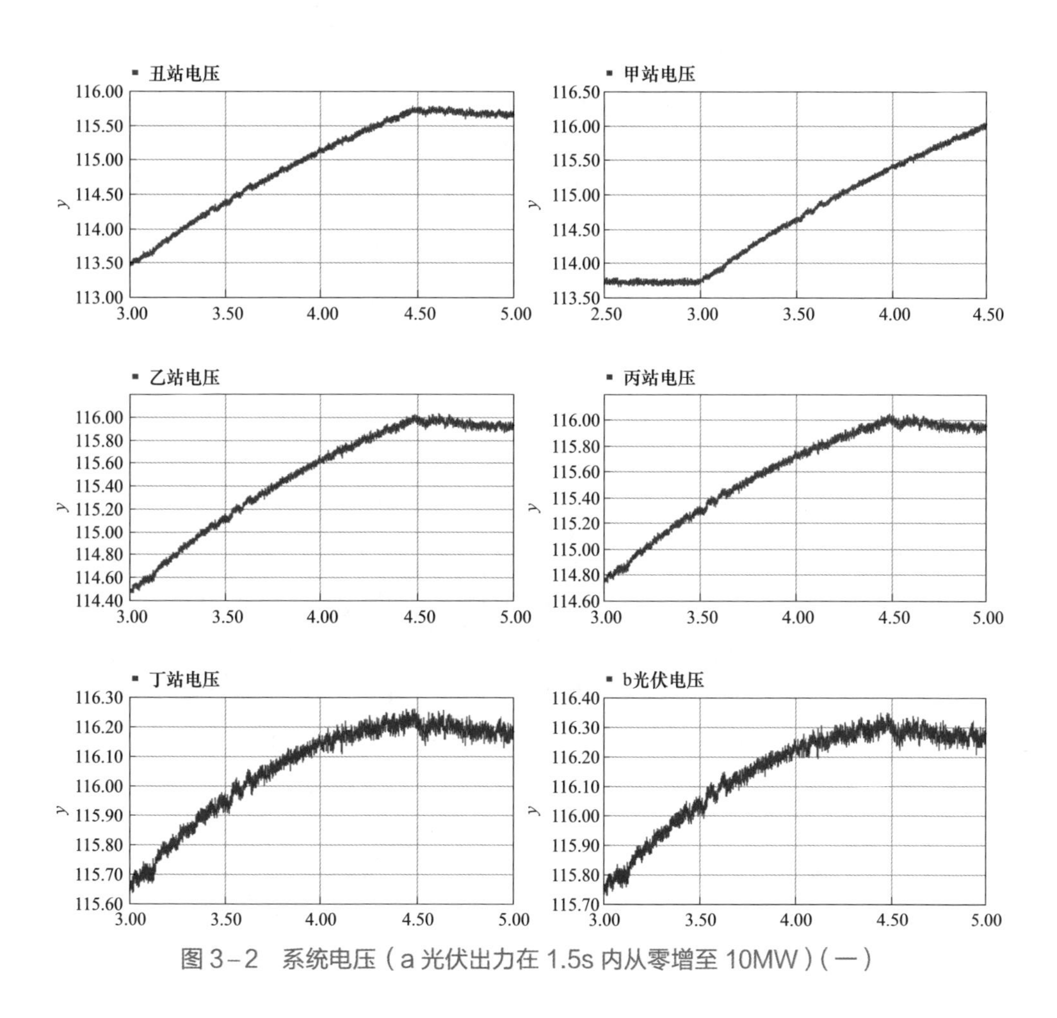

图 3–2　系统电压（a 光伏出力在 1.5s 内从零增至 10MW）（一）

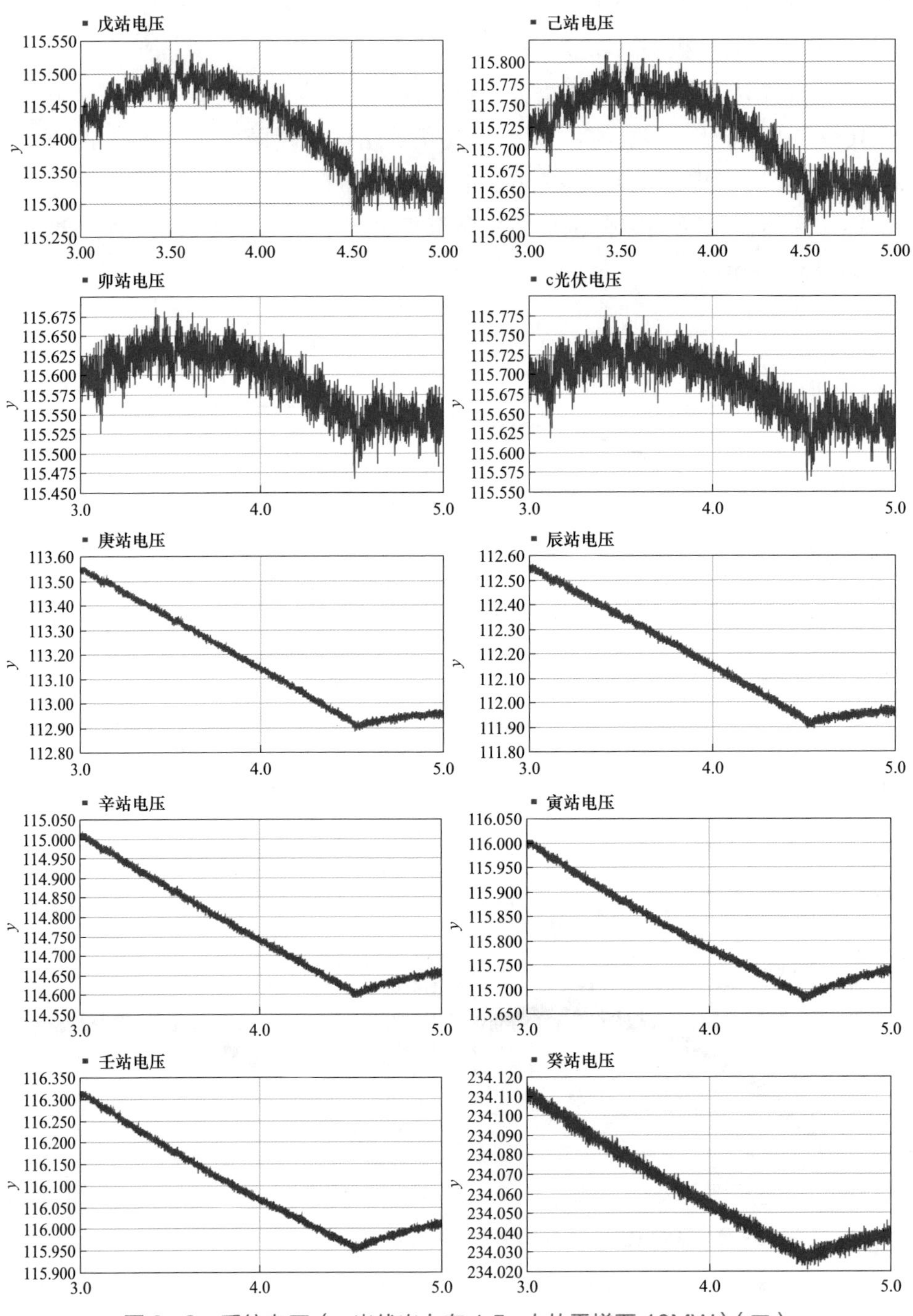

图 3-2 系统电压（a 光伏出力在 1.5s 内从零增至 10MW）（二）

（2）a 光伏从零出力瞬间增大至额定出力，系统电压变化如下：丑站、甲站、乙站、丙站、b 光伏稳态电压升高约 2kV，其余站点稳态电压最大压降小于 1kV，如图 3－3 所示。

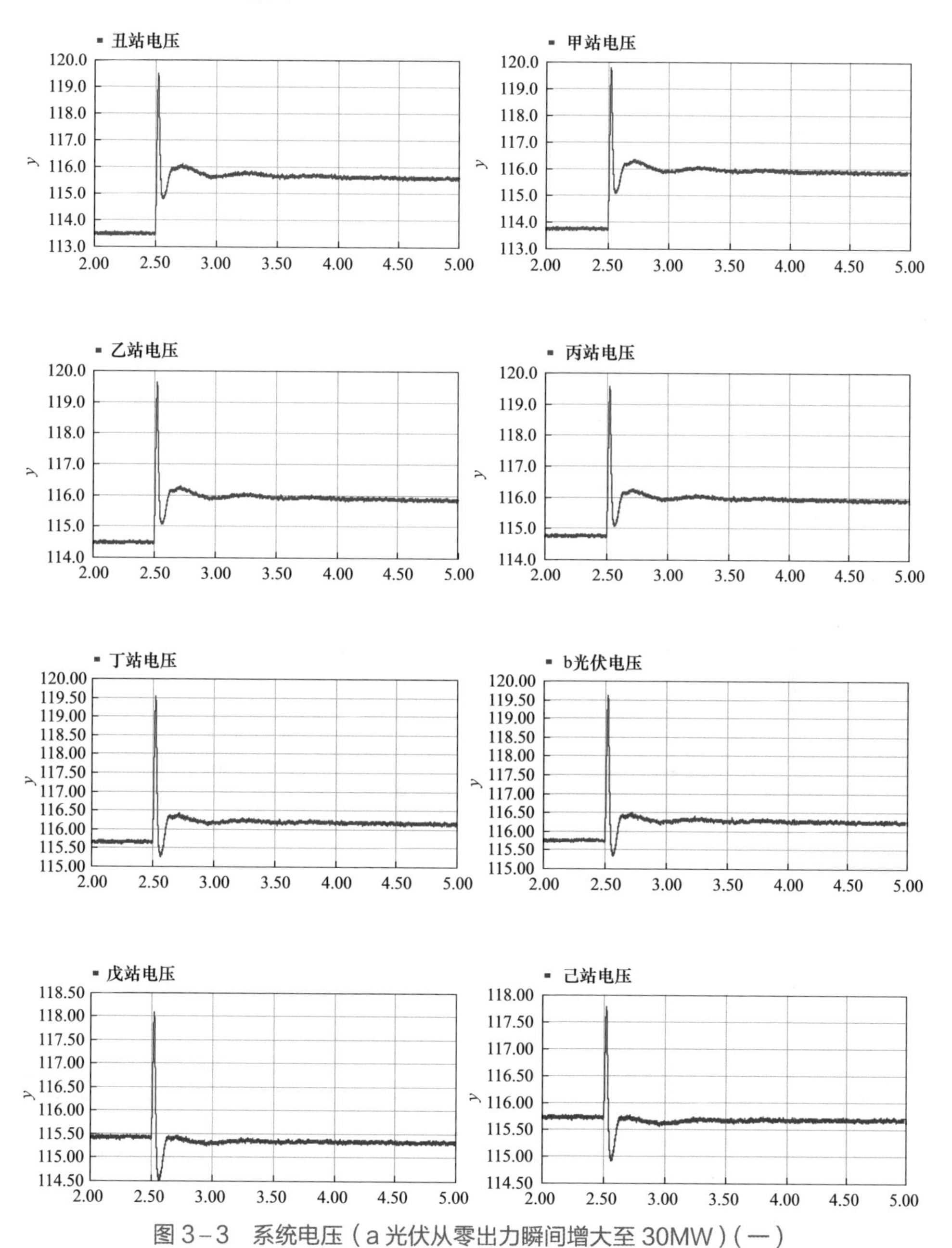

图 3－3　系统电压（a 光伏从零出力瞬间增大至 30MW）（一）

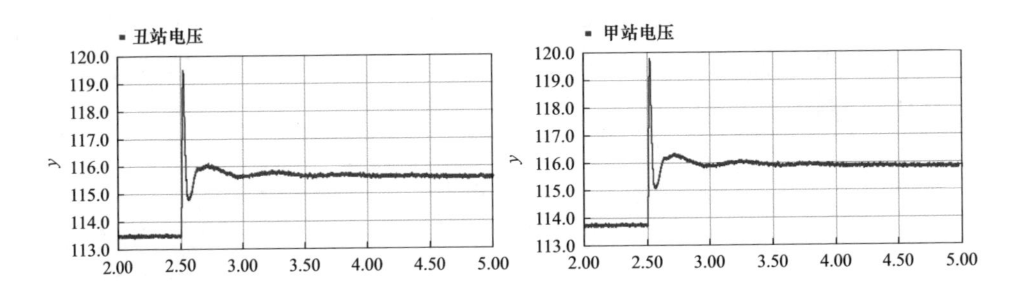

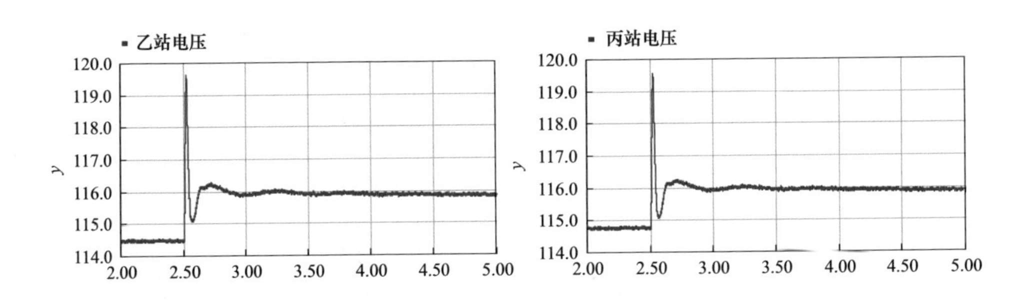

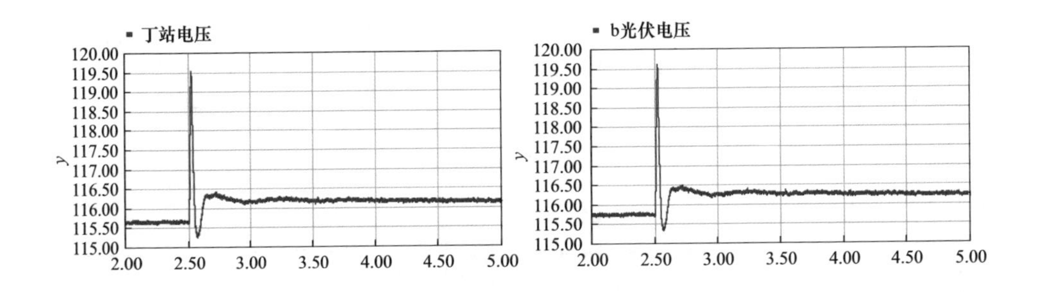

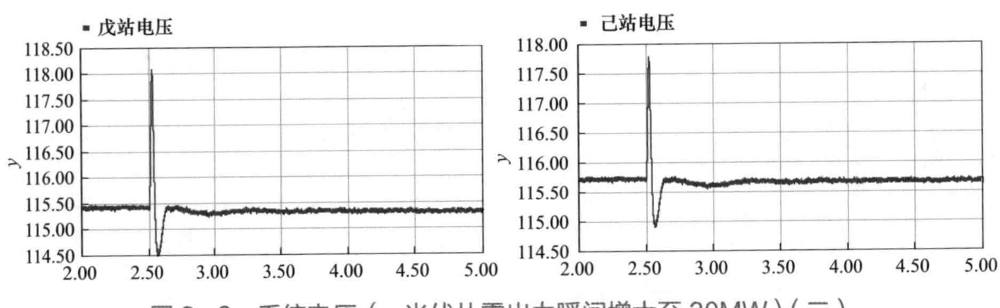

图 3-3　系统电压（a 光伏从零出力瞬间增大至 30MW）（二）

离 a 光伏最近的乙站和甲站上网小水电（e 电站）受冲击最严重，其最高频率可升至 50.3Hz，最低频率为 49.8Hz，但系统保持稳定，如图 3－4 所示。a 光伏远处的 f 电站等水电机组受扰后频率波动极小。

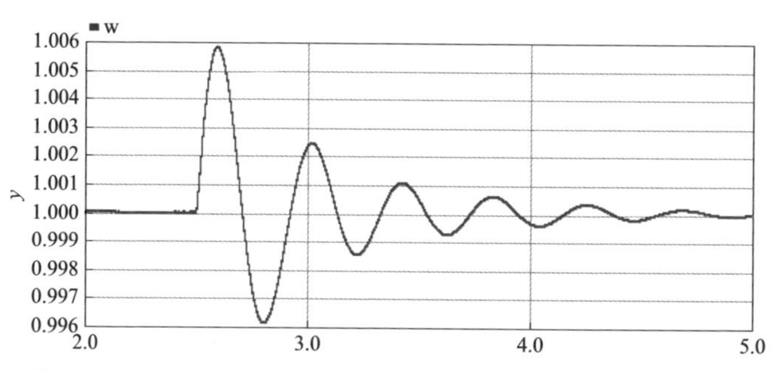

图 3－4　f 电站频率（a 光伏从零出力瞬间增大至 10MW）

3.1.3　暂态故障分析

本小节考虑在 a 光伏接入后，丰大、丰小、枯大、枯小四种方式下系统的暂态稳定性问题。计算结果表明：在四种方式下，考虑负荷最重站点庚站附近发生单瞬时性故障系统可以保持暂态稳定。

以负荷较重的 110kV 庚—辛线为例，当其出现单瞬故障前后，系统电压如图 3－5 所示，可以维持稳定。

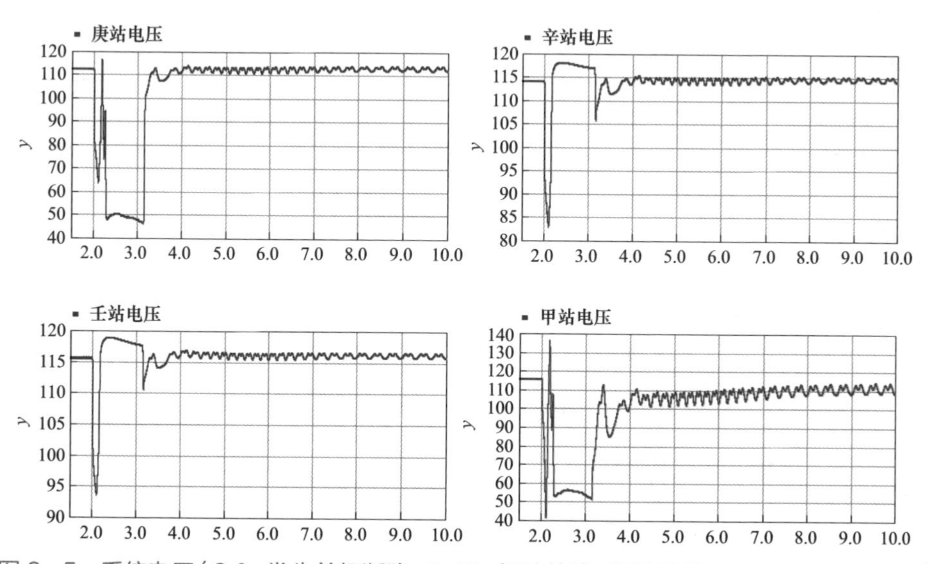

图 3－5　系统电压（2.0s 发生单相断路，2.15s 切除故障，短路持续 0.3s，3.15s 重合闸）

3.1.4 特殊运行问题分析

a 光伏送出 110kV 线路通道中，自 110kV 辛站到 110kV 丑站，均为串供，任意一处 110kV 线路 $N-1$ 故障被切除后，内部电网将成孤网运行，运行风险极高。因此，本小节重点分析该地区不同运行方式下孤网后安全稳定问题。

1. 小外送方式

经计算，通过庚站向辛站送出较小功率（约 3MW），即小外送方式下，系统稳态电压均能满足要求。

考虑庚站—辛站或其他串供线路发生 $N-1$，系统将转为孤网运行。此时系统频率快速升高，所有光伏均脱网，进而导致系统崩溃。部分站点电压和频率曲线如图 3－6、图 3－7 所示。

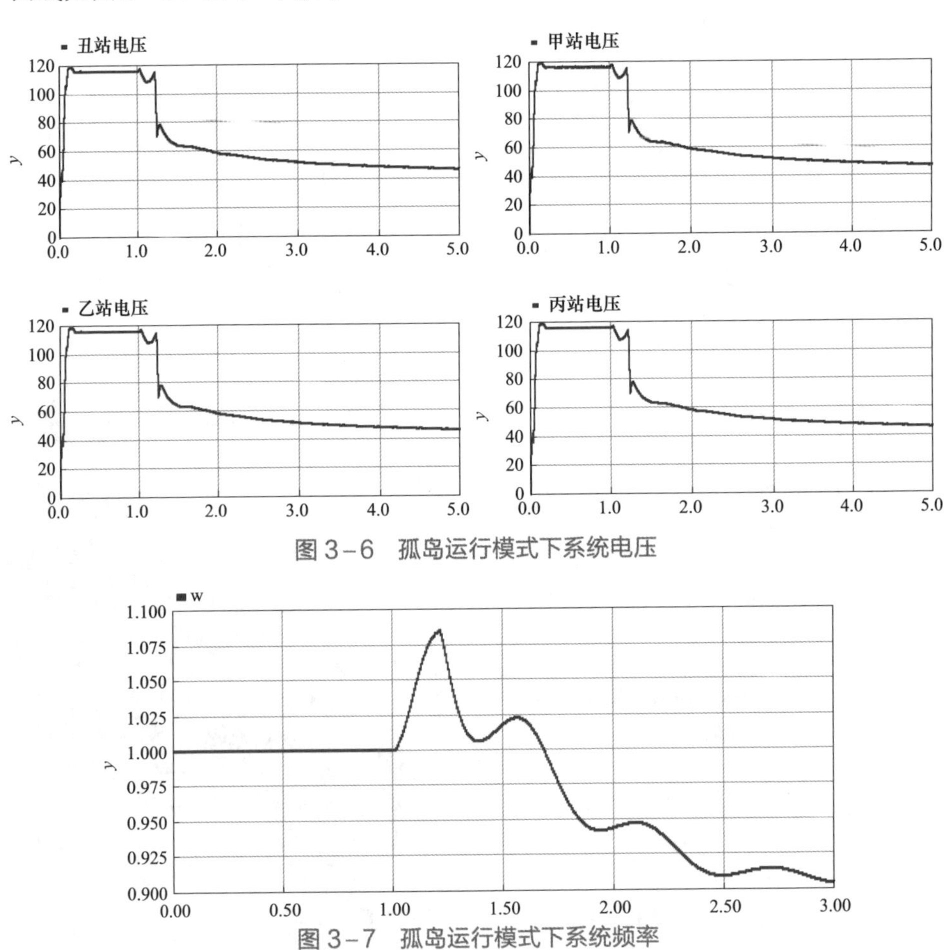

图 3－6　孤岛运行模式下系统电压

图 3－7　孤岛运行模式下系统频率

2. 小内送方式

通过辛站向庚站送出较小功率（约 1.7MW），即小内送方式运行。在此方式下，系统稳态电压均能满足要求。

与小外送方式类似，由于存在大量串供站点，系统暂态稳定性仍然较低，辛站—庚站、庚站—己站等线路任意一条 $N-1$ 后，系统成为孤网，难以保持稳定运行。

3.2　弱联系电网自励磁案例

四川某地区电网 220kV 和 110kV 串供输电线路超过 540km，成为典型的长链式薄弱电网。四川某联网工程 Z 结构图如图 3－8 所示。

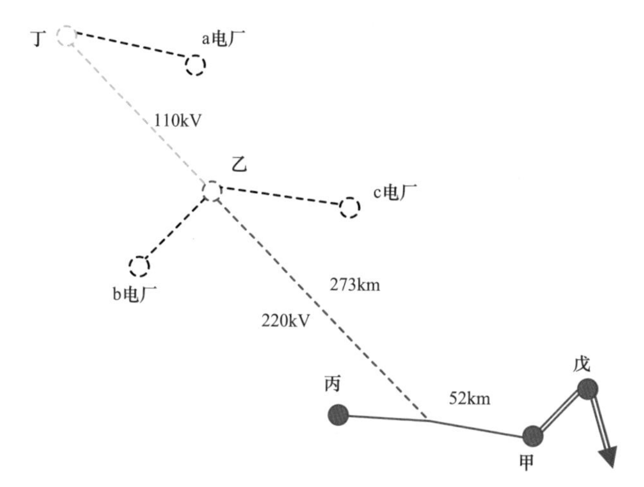

图 3－8　四川某联网工程 Z 结构图

上述电网主要特点包括：

（1）远距离、弱联系。地方电网与主网通过远距离、弱联系联网，因此具备一般弱联系电网的所有特性，如送受电能力差、电压损耗大、电压稳定性差等。

长距离联络线将产生大量充电无功，表 3－4 是各电压等级输电线路充电无功的经验值。以此计算，220kV 甲—乙—丙“T 接”线（此处定义为 A 线）的充电无功约为 72Mvar，110kV 乙—丁线路（此处定义为 B 线）充电无功约为 12Mvar。

表 3-4 线路充电无功经验值

电压等级（kV）	110	220	500
每 100km 线路充电无功（Mvar）	4.5	19	120

（2）发电机容量小，转动惯量小。该地区原有发电机组最大单台容量仅 2.5MVA，最小单台容量仅 0.125MVA。

（3）负荷小，变化大。该地区工业较为落后，负荷主要为照明负荷，因此具有很强的峰谷波动特性，深夜负荷极低。乙站和丁站日最小负荷仅 1MW。

3.2.1 自励磁产生原因与危害概述

自励磁是由于电容性负荷的助磁作用导致同步发电机定子电压电流自发上升的现象。同步发电机自励磁的本质是定子电感在周期性变化中与外电路容抗参数配合时发生的参数谐振。如图 3-9 所示，由于空载长线充电电容的影响，发电机相当于连接一个等效容性负载。此电容负载达到一定值时，发电机即使在没有励磁电源的情况下，由于铁芯剩磁的作用，也能使机端电压不断升高。在磁路饱和的约束下机端电压不会无限增大，最终稳定在磁路的饱和点。

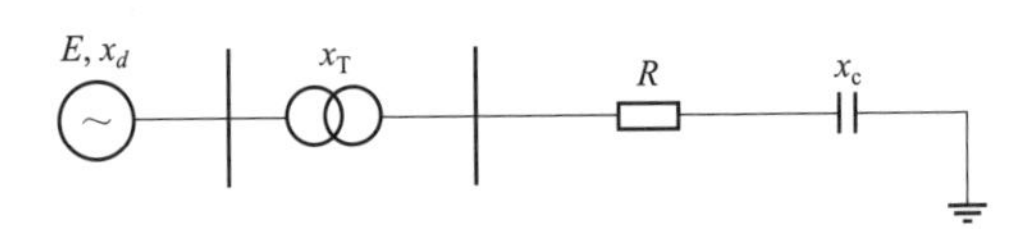

图 3-9 同步发电机—空载长线路简化电路图

系统自励磁发展起来后，由于可以形成持续性的谐振过电压和过电流，将严重损坏系统设备，甚至损毁用户电器。发电机一旦发生自励磁，和发电机相连的整个系统将同步谐振，即自励磁产生的危害不会像暂时过电压一样局限在一个小范围内，而是会产生大面积的灾难性后果。

3.2.2 国内外自励磁分析概况

通过广泛调研，总结自励磁分析现状的要点如下：

（1）基本认识。自励磁是一种参数谐振现象，是由于发电机和外部系统电磁参数配合不当引起的，自励磁研究可假设发电机转子不摇摆。虽然文献承认不是所有的自励磁现象都可以用参数谐振来解释，但是目前自励磁基础理论研究仍然基于参数谐振的方法。

（2）工程经验。国内外记录到的自励磁现象一般发生在以下几种场合：发电机带长线黑启动、发电机带长线甩负荷、发电机经有串补的线路接入无穷大系统。

（3）仿真模型。基于上述认识和工程经验，将自励磁问题研究的对象简化成如图 3－10 所示电路模型。其中，E 代表发电机，x_d 为计及升压变压器和线路电抗的发电机综合 d 轴同步电抗，r_Σ 为系统的串联损耗电阻，x_c 是线路电容。

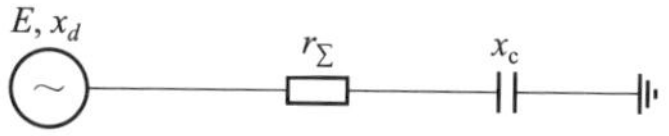

图 3－10　自励磁研究基本电路模型

（4）基本结论。参见图 3－11，按照 x_d 和 x_c 的相对大小和发电机气隙功率传输方式的不同，自励磁可以分为同步自励磁（区域 1、2）和异步自励磁（区域 3）两类。同步自励磁又可以分为反应同步自励磁和推斥同步自励磁。系统的串联损耗电阻 r_Σ会对自励磁提供阻尼作用。当 r_Σ 足够大时（区域 4），即使 x_c 的大小满足自励磁条件，自励磁过电压也不会发展起来。

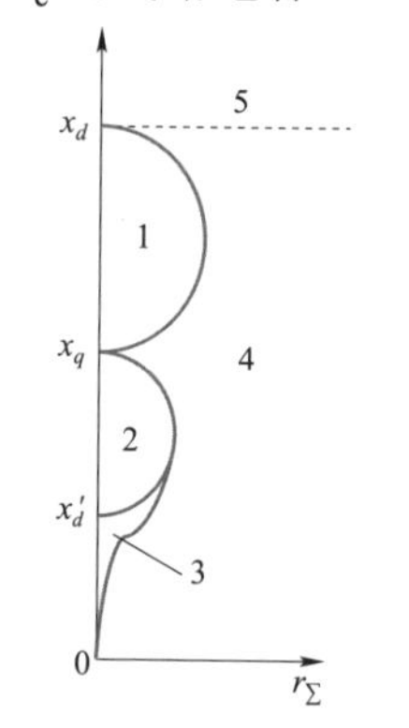

图 3－11　同步发电机自励磁区域图

最常用的几种自励磁判断方法是参数判断法：基于图 3－10，发电机不发生自励磁的条件为

$$x_c > x_d$$

而工程上设备容量较阻抗更容易获得。在上式中代入容量和阻抗的关系，可得到自励磁判据的容量表达式

$$S_n > x_d^* Q$$

式中：S_n 为发电机额定容量，x_d^* 为发电机综合 d 轴同步电抗的标幺值，Q 为系统无功补偿后剩余的容性充电功率，后续将基于此判据对前文提及的四川长链式联网工程 Z 自励磁风险进行分析。

3.2.3　a 电厂带 110kV B 线

a 电厂带 110kV B 线路，自励磁分析计算结果见表 3－5。

表 3-5　　a 电厂带 110kV B 线自励磁分析结果

a 机组容量（MVA）	丁站低压电抗器（Mvar）	$Q \times x_d^*$（Mvar）	自励磁
1×2	0	3.48	发生
	1×2	1.09	不发生
	2×2	-1.30	不发生
2×2	0	3.48	不发生
3×2	0	3.48	不发生
4×2	0	3.48	不发生

结果表明：a 电站开一台机，丁站不投低抗，甩负荷后 a 电厂带 B 线路孤网存在自励磁风险；当丁站投入一组以上低抗或 a 电站开两台以上机组时，不发生自励磁。

3.2.4　a 电厂带 220kV A 线

当 35kV 地方电网 b 电站和 c 电站不开机，由 a 电厂带 110kV B 线和 220kV A 线时，系统自励磁计算结果见表 3-6。此处保持丁站投入两组低抗。

表 3-6　　a 电厂带 220kV A 线自励磁分析结果

a 电厂开机数	低压电抗器（Mvar）		$Q \times x_d^*$（Mvar）	计算结果
	丁站	乙站		
2	4	40	10.2	发生
	4	50	-1.3	不发生
4	4	40	10.5	发生
	4	50	-1.3	不发生
6	4	40	10.9	发生
	4	50	-1.3	不发生
8	4	40	11.2	发生
	4	50	-1.4	不发生

结果表明，此种工况下，不论 a 电站开几台机，当乙站投入 40Mvar 低抗时均会发生自励磁，投入 50Mvar 以上低抗不会发生自励磁。

3.2.5　b 电厂带 220kV A 线

当 110kV B 线停运，仅 b 电厂带 220kV A 线时，系统自励磁计算结果见表 3-7。

表 3-7　　b 电厂带 220kV A 线自励磁分析结果

b 机组容量（MVA）	乙站低压电抗器（Mvar）	$Q\times x_d^*$（Mvar）	计算结果
3	40	10.4	发生
	50	-1.3	不发生
6	40	10.9	发生
	50	-1.4	不发生

结果表明，此种工况下，不论 b 电站开几台机，当乙站投入 40Mvar 低抗时均会发生自励磁，投入 50Mvar 以上低抗则不会发生自励磁。

3.2.6　c 电厂带 220kV A 线

当 110kV B 线停运，仅 c 电厂带 220kV A 线时，系统自励磁计算结果见表 3-8。

表 3-8　　c 电厂带 220kV A 线自励磁分析结果

c 机组容量（MVA）	乙站低压电抗器（Mvar）	$Q\times x_d^*$（Mvar）	计算结果
2	40	11.4	发生
	50	-1.5	不发生
4	40	12.1	发生
	50	-1.7	不发生

此种工况下也需要乙站投入 50Mvar 以上低抗才不会发生自励磁。以上计算表明，丁站必须保持 4Mvar 以上低压电抗器投入、乙站必须保持 50Mvar 以上低压电抗器投入，才能满足不发生自励磁的条件。在此约束下如何满足各站点运行电压水平将在后续防控措施中进行详细分析。

3.2.7　联络线甩负荷特性

线路远端甩负荷会比发电机带长线黑启动更容易发生自励磁，其原因是甩负荷过程伴随着系统频率的升高。随着系统频率上升，富余无功会迅速增加。因此系统甩负荷后是否会激发自励磁，一定程度上决定于系统的甩负荷特性，故有必要开展研究。

甩负荷后的电压特性取决于发电机的初始运行状态和甩负荷后系统的无功需求情况。为避免发电机在较高频率下发生自励磁，乙站和丁站的低压电抗器投入方式在工频下对线路充电无功实现了过补偿，见表 3-9。因此当线路远端甩负荷后，发电机频率未升高前，发电机需大量增加无功出力以平衡系统的无功需求，系统电压会瞬时下降，下降的程度取决系统初始运行方式。

表 3-9　　联网工程 Z 无功补偿情况　　单位：Mvar

项目	110kV 线路无功补偿情况	220kV 线路无功补偿情况	总体无功补偿情况
线路充电功率	8.2	71	79.2
低抗	4.4	60	64.4
高抗	6.6	30	36.6
过补偿量	2.8	19	21.8

甩负荷后的频率特性取决于以下几个因素：一是甩负荷前系统所有发电机出力和负荷的相对大小关系；二是发电机组转动惯量的大小，表现为 T_j 的大小；三是甩负荷过程系统的电压特性，因为电压会显著影响发电机的实际电磁功率的大小。

乙站和丁站地区机组均为小型水轮机组。通常水轮发电机容量越小，惯性时间常数越小。表 3-10 是从厂家获得的机组惯性时间常数。

表 3-10　　发电机惯性时间常数

电厂	a 电站	b 电站	c 电站
机组容量（MW）	4×1.6	2×2.5	2×1.6
惯性时间常数 T_j	1.875	2.75	1.68

根据负荷曲线，B 区地方电网日最低负荷 1MW，最高负荷 5.2MW；A 区日最低负荷 1.1MW，最高负荷 5.2MW（乙变电站供电地区称为 A 区，丁变电站供电地区称为 B 区）。

1. 110kV B 线甩负荷

（1）远端无故障甩负荷（断路器偷跳）。110kV B 线乙站侧无故障甩负荷后，a 电站发电机带 110kV 长线运行，系统工频下富裕充电无功 2.8Mvar。在各种开机和负荷方式下，系统行为见表 3-11。结果表明，只有在开机略大于负荷，且发电机容量大于系统无功需求时，系统才能维持稳定。但在发电机初始出力远大于负荷时，系统频率将大幅升高，系统电压也会随之升高，最高可以到 1.30p.u.。

表 3-11　　110kV B 线远端无故障甩负荷特性

开机	负荷	35kV 电压（p.u.）		频率（p.u.）		稳定性
		max	min	max	min	
小开机	满负荷	—	0.47	—	0.8	垮网
小开机	小负荷	—	0.23	—	0.54	垮网
全开机	小负荷	1.30	1.02	1.45	0.9	稳定
全开机	满负荷	1.05	0.96	1.17	0.83	弱阻尼振荡

（2）线路故障甩负荷（保护动作切除线路）。若 110kV 线路被保护切除，则 B 区电网剩余约 4.4Mvar 低压电抗器，对发电机输出无功的能力要求更高。仿真发现即使在机组满发、负荷最小的方式下，线路切除后系统电压都将持续下降，减小开机或增大负荷都将使电压下降更严重，终至垮网。电压降低使动态过程发电机的输出电磁功率更小，从而导致发电机频率上升幅度更大，可达 1.5p.u.。

2. 220kV A 线甩负荷

远端无故障甩负荷（断路器偷跳）。220kV A 线甲站侧甩负荷后，若丙站也空载，则系统富余充电功率约 22Mvar。a 电站、b 电站机组满发时，发电机总容量仅 18MVA，不足以提供系统的感性无功需求，即使发电机有功出力远大于负荷，系统可以稳定下来，也必定会稳定在一个较低的电压水平上。而此时，一方面由于系统有功大量富余，系统频率将快速上升；另一方面，系统无功严重不足，电压被大幅拉低，恒阻抗负荷随之减小，发电机输出电磁功率被限制，加剧了发电机的加速过程。

仿真发现，甩负荷后，由于系统无功需求骤增，发电机增大无功输出，机端电流急剧提升，系统电压大幅下降至 0.6p.u.。发电机输出电磁功率骤降，系统频率迅速抬升。由于容性和感性负荷的频率特性，系统无功负荷由感性向容性转变，机端电流先减小再增大，系统电压逐渐抬升。当发电机吸收无功增大到接近机组容量时，系统开始进入自励磁区域，电压加速上升。上述过程中，由于系统频率持续高于工频，调速器一直试图减小水门开度，加之电压上升导致系统负荷的增大，发电机的频率到达峰值后将下行。

这个过程中，系统频率上升的幅度取决于系统初始出力和负荷的相对关系、发电机的转动惯量以及调速器的性能；系统电压上升的幅度则直接决定于系统频率上升幅度。系统最终能否稳定在较低电压水平上，取决于调速器是否能够及时调整出力。

当a电站、b电站机组满发，A区、B区负荷均为1MW最小负荷（恒阻抗特性），这时对应220kV线路甲站侧甩负荷系统频率和电压上升最严重的方式。此时系统频率可以飙升至1.25p.u.，系统进入自励磁区域，电压可飙升至1.8p.u.（未考虑饱和）。

若减少开机，或增大负荷，甩负荷后系统电压跌落更加严重。频率上升的幅度取决于系统富余功率减少的贡献和电压跌落导致电磁功率减少的贡献哪一个更显著。肯定的结论是，系统更加难以稳定。

3.2.8 自励磁防控措施的应用

在全面考虑联网工程Z自励磁、工频过电压风险，各种防控措施的效果和实际可操作性后，提出该工程自励磁防控三道防线，如图3－12所示。

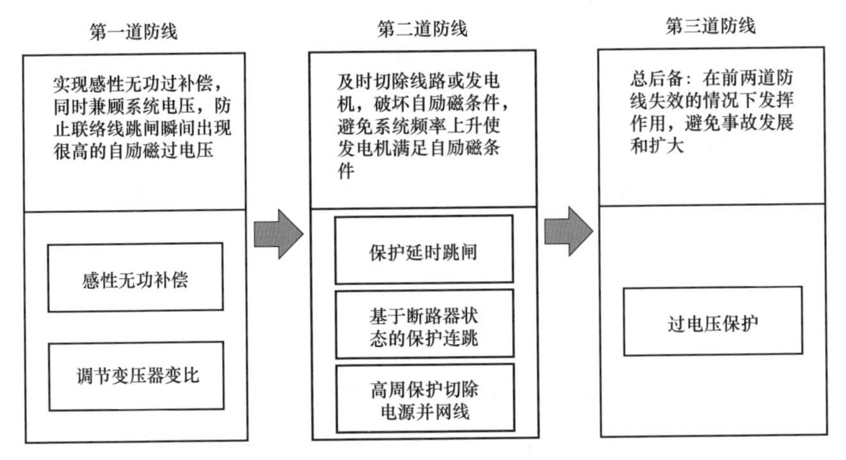

图3－12 联网工程Z自励磁综合防控措施

1. 第一道防线

（1）感性无功补偿。

1）感性无功补偿量。从抑制线路工频过电压的角度出发，已经确定了线路高压电抗器的配置方案，即220kV A线乙站侧配置30Mvar高压电抗器，110kV B线丁站侧配置8Mvar高压电抗器。但高压电抗器远未将线路充电功率补偿完，不足的部分需要利用220kV乙站和110kV丁站内低压电抗器补充。

以55Hz作为校核频率计算防止系统自励磁需要投入的低压电抗器容量为：

乙站 50Mvar、丁站 4Mvar。该工程 220kV 感性无功配置情况如图 3－13 所示。

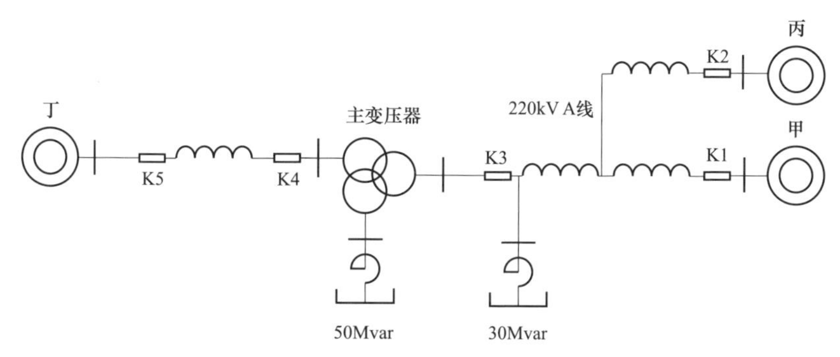

图 3－13 联网工程 Z 感性无功集中布置图

2）感性无功补偿对系统稳态调压的影响。上述无功配置方案将导致大量无功集中于 220kV 乙站和 110kV 丁站，而稳态情况下 A 区电网内部发电机不足以支撑这么大的感性无功需求，从而导致 220kV A 线和 110kV B 线上大量无功传输，大幅增加线路的电压损耗，负荷端电压将无法满足运行要求。

从表 3－12 可以看出，在乙站投入 50Mvar 低压电抗器的方式下，即使抬高甲站电压至 240kV，仍不能将丁站电压控制在 35kV 以上，且 220kV 和 110kV 母线电压也远远低于正常运行电压水平。

表 3－12 最少低压电抗器补偿量约束下系统的电压水平

低压电抗器（Mvar）		母线电压（kV）				
丁站	乙站	甲站 220	乙站 220	丁站 110	乙站 35	丁站 35
4	50	231.6	209.5	102.9	32.8	33.7
4	50	240.0	216.6	105.3	35.0	34.1
4	60	231.0	203.2	98.2	32.4	31.0

（2）调整高压电抗器配置方式。A 线路空载无功约为 70Mvar，在乙站侧配置 30Mvar 高压电抗器的和 50Mvar 低压电抗器的方案有两个问题，其一是高压电抗器对线路的补偿度并不高，仅为 40%，二是感性无功集中布置引起的系统末端电压不满足运行要求。

为解决这一问题，提出如下高压电抗器配置策略：保留线路乙站侧 30Mvar 高压电抗器，再在线路的甲站侧加装 30Mvar 高压电抗器，乙站内低压电抗器投入量减少为 20Mvar。这种策略一方面仍然可以抑制线路工频过电压；另一方面还能实现感性无功分散补偿的目的，可大大提高系统运行电压的合理性，如图 3－14 所示。

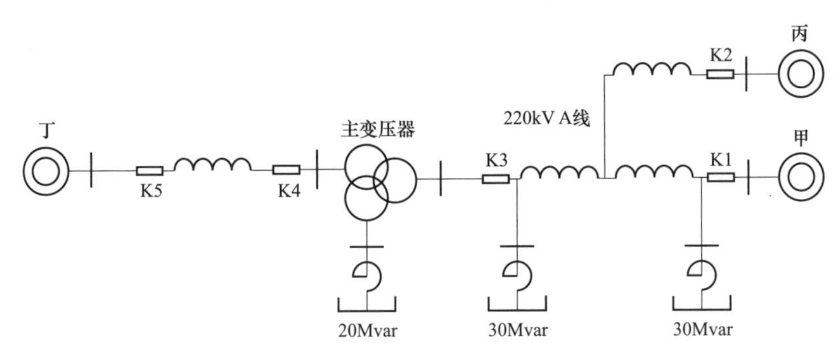

图 3－14　联网工程 Z 高压电抗器分散布置方案

新方案下不同负荷水平时系统的稳态电压见表 3－13。然而在该工程中，该方案最终被否决，其原因是甲站是一个老站，建造时没有预留线路高压电抗器的场地，而由于其地处山腰，地理条件所限，也不具备扩建的条件。

表 3－13　　新方案下不同负荷水平系统的稳态电压

负荷（丁＋乙＋丙）（MW）	低压电抗器配置（丁＋乙＋丙）（Mvar）	母线电压（丁/乙/丙/甲）（kV）
0＋0＋5	2＋50＋5	110/223/230/230
2＋3＋5	2＋50＋5	109/223/231/230
4＋6＋5	2＋50＋5	109/223/231/230

（3）调节变压器变比。由于上述措施均不能解决乙站运行电压低的问题，因此提出调节变压器变比，以牺牲高压侧电压为手段保障负荷端电压的措施。

在电力系统中，有两类母线电压是人们最关注的，一是枢纽站的母线电压，它会影响潮流分布、送电能力和系统稳定性；其二是负荷母线的电压，它直接影响用户的电能质量。乙站 220kV 母线电压的降低将不会导致上述后果的发生。在 A 区电网中，人们最关心负荷端的电压水平，即 35kV 母线电压水平。因此考虑放宽乙站 220kV 和 110kV 母线运行电压限制，通过调节主变压器分接头的方式抬高 35kV 母线电压。

乙站 220kV 主变压器额定变比为 230:15:8.5，220kV 侧具有±8×1.25%的电压调节能力；丁站 110kV 主变压器变比为 115:35:0.5，其 110kV 侧具有±8×1.25%的电压调节能力，35kV 侧具有±2×2.5%的电压调节能力。

1）变压器变比对系统稳态电压的影响。表 3－14 是系统电压随变压器变比变化的关系。结果表明，若所有变压器采用标准变比，则乙站 220kV、丁站 110kV、乙站 35kV 母线电压分别为 210.6、101.7kV 和 31.0kV。若将乙站主变压器 220kV 分接头调到最低档位，可抬高丁站 110、35kV 母线电压至 107.8、32.4kV；若进一步将丁站主变压器 110kV 分接头调到最低档位，可抬高丁站 35kV 母线电压至 34.3kV；进一步将丁站主变压器 35kV 分接头跳到最高档位，可抬高丁站 35kV 母线电压至 35.2kV。抬高 35kV 母线电压的同时将进一步降低 220、110kV 母线电压，最低可分别低至 202.6kV 和 101.6kV。

表 3－14　系统电压与变压器变比的关系

变压器变比（kV）		低压电抗器（Mvar）	母线电压（kV）				
乙站 220	丁站 110		甲站 220	乙站 220	乙站 35	丁站 110	丁站 35
230/115/38.5	115/35/10.5	50	230.2	210.6	34.2	101.7	31.0
207/115/38.5	115/35/10.5	50	230.2	205	36.8	107.8	32.4
207/115/38.5	103.5/35/10.5	50	230.0	203.2	36.5	103.4	34.3
207/115/38.5	103.5/36.75/10.5	50	230.0	202.6	36.4	101.6	35.2
207/115/38.5	103.5/36.75/10.5	30	230.0	212.0	38.6	108.7	37.5
207/115/38.5	103.5/36.75/10.5	40	230.5	208.5	37.7	107.6	37.6

2）变压器变比调节对感性无功补偿量的影响。通过调节变压器分接头降低高压侧电压的做法将减小高压侧联络线的实际充电无功量，有利于抑制系统自励磁的发生。表 3－15 是乙站主变压器变比设为 207:115:38.5，丁站主变压器变比设为 103.5:36.75:10.5 时系统感性无功补偿量和自励磁的关系。分析结果表明，按上述方式改变变压器分接头后，只需要在乙站投入 40Mvar 低压电抗器即可避免系统发生自励磁，此时系统电压为乙站 220kV 母线 208.85kV，乙站 35kV 母线 37.7kV，丁站 110kV 母线 107.6kV，丁站 35kV 母线 37.6kV。

表 3－15　　改变变压器分接头后系统的感性无功补偿需求

发电机容量（MVA）			低压电抗器（Mvar）		$Q \times X_d^*$（Mvar）	计算结果	仿真结果
a 电站	b 电站	c 电站	丁站	乙站			
2	0	0	4	20	8.7	发生	发生
			4	30	0.27	不发生	不发生
0	3.2	0	4	30	7.3	发生	发生
			4	40	－4.3	不发生	不发生
0	0	2	4	30	7.2	发生	发生
			4	40	－4.2	不发生	不发生

3）变压器变比可调范围。电网在实际运行时必须预留一定的电压调节的裕度。为了防范自励磁 A、B 区电网 220kV 乙站和 110kV 丁站内无功设备的投退方式基本已经定死。如果再将变压器变比固定在某一档，则由于发电机的调节能力十分有限，当地电网几乎不具备任何调压能力，因此必须给变压器变比预留一定的调节空间。

在乙站始终保持投入 50Mvar 低压电抗器、丁站始终保持投入 4Mvar 低压电抗器的前提下，调高变压器高压侧变比（或调低变压器低压侧变比）将使系统更加容易发生自励磁，因此以不发生自励磁为目标，可对变压器变比构成约束。

丁变压器 110kV 侧和 35kV 侧均可调，但 35kV 侧为无载调压，为了增大 110kV 侧有载调压的可调范围，建议将 35kV 侧变比固定在最高电压档上，即 36.75kV 档。

此前分析表明丁需投入 2×2Mvar 低压电抗器可避免 110kV 乙—丁线路丁侧甩负荷时 a 电站机组发生自励磁。如表 3－16 所示，变压器高压侧变比的调节范围为 14～17 档。

表 3－16　　110kV 丁站主变压器档位的调节范围

丁站变压器档位（最高电压为 1 档）	丁站低压电抗器（Mvar）	丁站 35kV 侧电压（kV）	自励磁
9	4	34.5	发生
13	4	35.7	临界
15	4	36.3	不发生
17	4	36.9	不发生

丁站变压器变比的范围确定之后，再考察 220kV 乙站主变压器档位的约束。此时丁站主变压器变比设为临界变比（13 档）。保持乙站始终投入 50Mvar 低压电抗器，不同开机方式下，主变压器档位和发电机自励磁的关系见表 3－17。

可见乙站主变压器档位的可调节范围十分小，仅为 16～17 档。除了调节 220、110kV 主变压器可以抑制自励磁外，电厂上网主变压器变比的调节也有同样的作用。目前 a、b、c 电站上网变压器变比均为 6.3:38.5，若能降低高压侧电压，则对系统的运行有利。

表 3－17　　220kV A 线甲站侧甩负荷对乙站变压器档位的约束

运行方式	乙站主变压器档位（最高电压为 1 档）	低压电抗器（Mvar）		电压（kV）		自励磁
		乙站	丁站	乙站 35	丁站 35	
仅 a 电站开机	9	4	50	33.4	33.6	发生
	13	4	50	34.8	34.6	发生
	14	4	50	35.1	34.8	临界
	15	4	50	35.4	35.0	不发生
	17	4	50	37.0	36.2	不发生
仅 b、c 电站开机	13	4	50	34.7	—	发生
	15	4	50	35.4	—	临界
	16	4	50	35.8	—	不发生
	17	4	50	36.0	—	不发生
a、b、c 电站均开机	13	4	50	34.7	34.6	发生
	15	4	50	35.4	35.0	临界
	16	4	50	35.8	35.5	不发生
	17	4	50	36.0	36.2	不发生

小结：通过对上述三种防控措施的分析，排除其中一种，最终采用感性无功过补偿和调节变压器变比，放宽系统运行电压两种策略构筑第一道防线，实现对线路充电无功的过补偿，并兼顾用户侧电压的要求。

2. 第二道防线

（1）保护连跳。当 220kV 乙—甲—丙线任一侧甩负荷时，连跳其他两侧断路器，如图 3－15 中 K1、K2、K3 开关联跳，迅速切除线路。这种方法存在以下缺陷：其一，在某些情况下，系统自励磁发展是十分迅速的，200ms 的自励磁过程足以对设备造成破坏；其二，该方法是不能对线路偷跳的情况作出正确的处理。

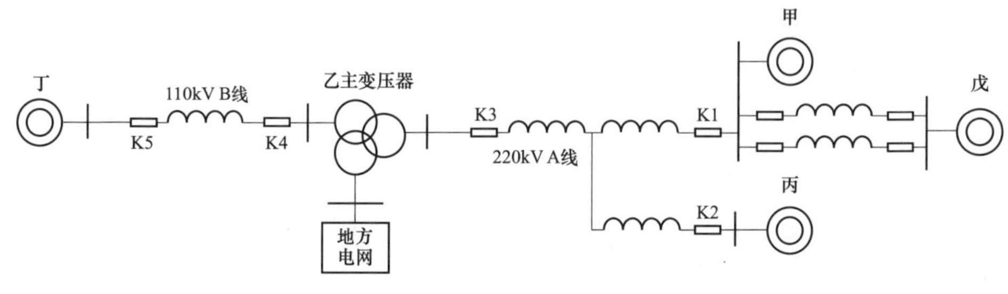

图 3-15　某工程结构图

（2）采用断路器延时动作措施。220kV 乙—甲—丙线只有在甲站侧甩负荷时，才会发生自励磁。故当线路故障时，令甲站侧断路器 K1 延时 100ms，晚于乙站侧断路器 K3 跳开，可避免出现小机组带空线的情况。但这种方法同样无法处理甲站侧断路器偷跳的情况。

（3）基于断路器状态的保护连跳措施。为解决上述偷跳的问题，可采取如下措施：任何时候，继电保护系统检测到线路某侧断路器处于开断状态，立即无条件发送跳闸命令给对侧断路器。对于该工程，人们的目的是防止丁站带 110kV B 线和乙站带 220kV A 线的工况，因此保护逻辑应设置为：当检测到 110kV A 线乙站侧断路器 K4 处于开断状态，立即发送跳闸命令给丁站 K5 断路器；当检测到 220kV A 线甲站侧断路器 K1 处于开断状态，立即发送跳闸命令给乙站和丙站侧断路器 K3、K2。但需要注意的是，当 110kV 丁站侧断路器 K5 或 220kV 乙站、丙站侧断路器 K3、K2 处于开断状态时，保护不动作，其原因是必须给线路的正常投切空线操作留下空间。

（4）高周保护切并网线措施。鉴于系统频率上升将加大自励磁风险，使系统安全性降低，而当地的发电机不具备高周保护手段，因此，从保障系统安全运行的角度出发，需采取高周保护措施。

仿真分析表明，在采取了上述感性无功过补偿、变压器变比控制之后已经对联络线的充电无功进行了过补偿。仅当甲站上网机组大发、乙站地区小负荷的情况下，220kV 甲戊双回 $N-2$ 故障，系统的频率才会大幅升高，从而使得系统满足自励磁条件。此时的加速功率主要是甲站上网机组提供的，故只要采用高周措施切除甲站上网机组的并网线，即可及时中断频率上升过程。

一般的电力系统中，为了防止大扰动给系统稳定性带来影响，高周保护需要分几轮进行，即分别设定几个逐渐增加的动作频率 $f_{dz1} < f_{dz2} < \cdots < f_{dzn}$ 和相应的切机容量。A、B 区电网中，丁站、b、c 电站以及甲站上网机组都没有孤网运行的能力，联络线跳闸后，系统势必无法保持稳定。高周保护也不再需要分几轮控制，只要检测到系统频率高于动作频率 f_{dz} 直接切除并网线。

设定甲站内高周保护定值为：f_{dz}=1.1p.u.，延时 0.5s。

小结：通过对上述四种措施在该工程中的必要性和适用性分析，最终采用其中三种，即保护延时跳闸、基于断路器状态的保护连跳，以及高周保护切并网线三种措施构筑第二道防线，以及时破坏自励磁条件，防止系统频率升高引发自励磁。

3. 第三道防线

作为所有系统过电压的总后备保护，变电站一般都会安装过电压保护。过电压保护必须躲开系统正常最高运行电压和系统暂态过电压影响，否则保护将频繁动作，系统无法正常运行。

过电压保护有两个定值，动作电压 U_{dz} 和动作延时 T_{dz}，其典型整定值为 $U_{dz} = (1.15 \sim 1.25)U_e$、$T_{dz}$=0.5s。

但是在联网工程 Z 这样的特殊系统中，由于存在较大的自励磁风险，且乙站、丁站等站点运行电压很低，因此其过电压保护定值可以适当严格一些，本项目建议采用的定值为：U_{dz}=1.15p.u.、T_{dz}=0.3s。

第 4 章 配电网运行其他典型问题

4.1 景区计量装置异常案例

4.1.1 概述

A 景区 35kV 新建电网位于 B 供电公司供区内，由景区管理局负责建设、调试和运维，资产归属于景区管理局。其并网 T 接点位于 35kV 甲丙线距 110kV 甲站 7km 处，35kV 单回并网线路由公网侧的 2.58km 架空线（导线类型 LGJ－50）和用户侧乙变电站 35kV 高压侧的 17.42km 电缆出线（YJV22/35－3×70）混合构成，其中 10km 左右长度电缆为钢管穿管，钢管直径约为 10cm，其余 35kV 电缆均为直接埋设。乙变电站 10kV 低压侧引出 18.07km 单回电缆线路（YJV22/10－3×70），均为直接埋设，沿线 T 接多个 10kV/0.4kV 箱式变压器为景区内部用户和设施供电。具体接线图如图 4－1 所示。

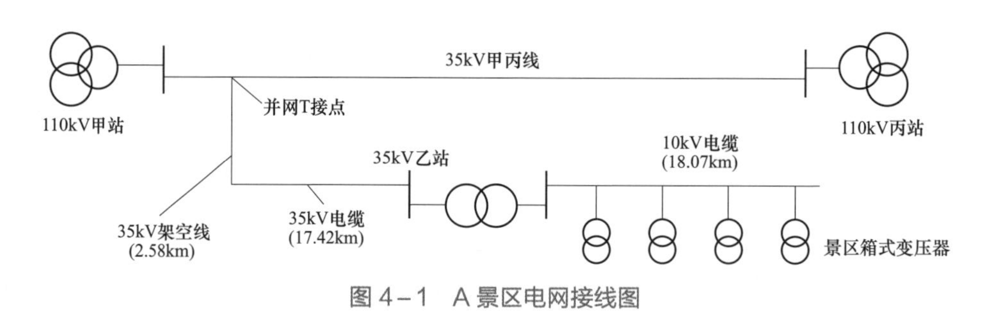

图 4－1 A 景区电网接线图

电网计量装置安装于并网 T 接点，具体如图 4－2 所示。

图 4-2　T 接点及计量装置

4.1.2　问题及原因

1. 问题描述

根据景区电网运维人员和 B 供电公司营销人员反馈，该新建电网并网试运行期间，景区内相应配套设施设备大部分处于建设状态，35kV 乙站 10kV 出线沿途仅带有 6 个箱式变压器供景区厕所以及电信基站用电，目前尚无缆车等电感性负荷存在。电信基站从箱式变压器 400V 侧电缆引出，引出长度在 1～2km，单个基站正常工作功率为 2～3kW，但是配备的蓄电装置充电时充电功率为 20～30kW。总体而言，景区当前负荷较小，但在 T 接点计量装置上测得了 500kW 以上稳定持续的有功负荷，与现场实际出入较大。

2. 原因筛查

实际情况与计量结果出入较大的原因可能有窃电、存在非金属性故障接地点、计量装置不合格及计量装置接线错误等。因此，编者对现场情况进行了核查，对计量装置重新进行了校验。

在对 35kV 乙变电站站内保护和计量设备进行排查过程中，确定该站低压侧负荷稳态水平仅为约 20kW，高压侧进线电压、电流和低压侧出线电压、电流无异常。在对 T 接点计量装置校验的过程中，确认了计量装置合格。

在继续筛查的过程中，根据负责基建的景区电网运维人员介绍，在T接点处安装的电流互感器内部引出线存在相别标识错误的情况，安装调试过程中未予以修正，因此，计量装置接线出故障的可能性比较大。

3. 分析处理

（1）计量原理。对于三相三线制或小电流接地的配网供电系统，无论负荷是否平衡，使用两测量元件（即电流只需采用两个互感器）即可实现电能精确计量，该方法常被称做不完全星形接法。

在带感性负载条件下，相电流滞后相电压，如果计量装置接线正确，三相电气量向量图如图4－3所示，其中U_{ab}、U_{bc}（U_{cb}）为对应的线电压，I_a、I_c为对应的相电流，U_a为A相相电压，φ为负载角。通常情况下，接入计量装置的电压为线电压U_{ab}、U_{cb}和相电流I_a、I_c。

此时，计量装置有功功率和无功功率的计算方法为

$$\begin{cases} P = U_{ab} I_a \cos(30^\circ + \varphi) + U_{bc} I_c \cos(30^\circ - \varphi) \\ Q = U_{bc} I_a \cos(60^\circ - \varphi) + U_{ac} I_c \cos(120^\circ - \varphi) \end{cases} \quad (4-1)$$

式中：U_{ab}、U_{bc}、U_{ac}分别为对应线电压有效值；I_a、I_c分别为对应相电流有效值。

在三相平衡的条件下，以末端带纯容性负荷为例，其向量图如图4－4所示，此时负载角$\varphi = -90^\circ$，计算可得

$$\begin{cases} P = UI\cos(-60^\circ) + UI\cos(120^\circ) = 0 \\ Q = UI\cos(150^\circ) + UI\cos(210^\circ) = -\sqrt{3}UI \end{cases} \quad (4-2)$$

式中：U为线电压有效值；I为相电流有效值。

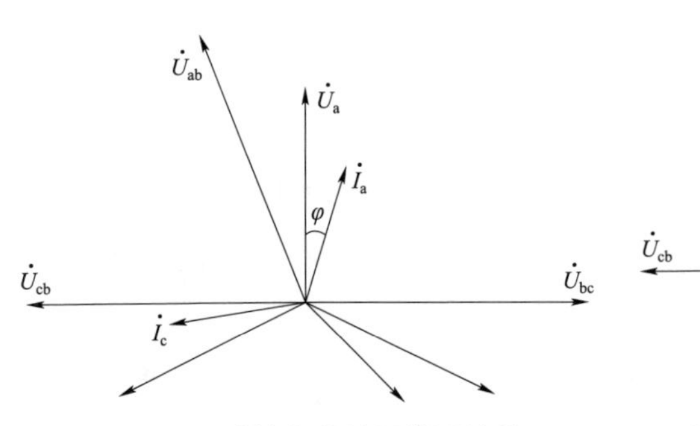

图4－3 感性负载计量装置接线正确时的向量图

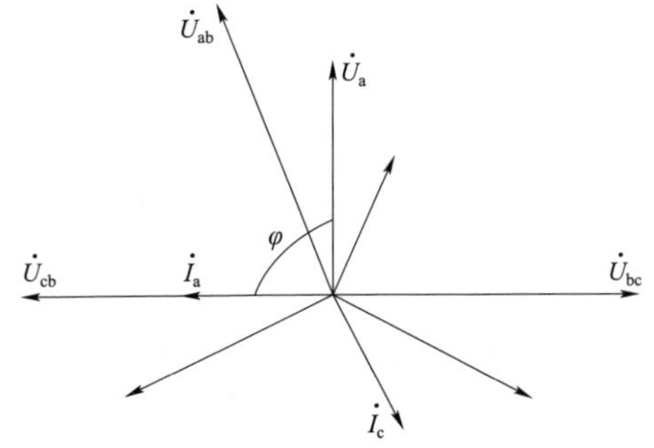

图4－4 纯容性负载计量装置接线正确时的向量图

（2）负荷特性。该电网呈现为较长距离配网电缆线路带末端小负荷的特点，典型的三芯 3×70mm² 额定电压 6/10kV 交联聚乙烯绝缘钢带铠装铜芯电力电缆 YJV22 和三芯 3×70mm² 额定电压 26/35kV 交联聚乙烯绝缘钢带铠装铜芯电力电缆 YJV22 单位长度正序阻抗参数见表 4－1。

表 4－1　电缆典型单位长度电气参数

类型	电压等级	线型	单位长度正序电阻 R（ohm/km）	单位长度正序电抗 X（ohm/km）	单位长度正序电容 C（μF/km）
电缆线路	10kV	3×70mm²	0.342	0.106	0.27
	35kV	3×70mm²	0.342	0.141	0.12

按照 35kV 和 10kV 的运行电压折算，35kV 段和 10kV 段电缆线路的充电无功为 0.804Mvar 和 0.153Mvar，远大于正常情况下 20kW 的有功负荷，可近似认为为 T 接点计量装置用户侧为纯容性负荷。

（3）异常分析。末端为纯容性负荷时，在接线完全正确的情况下向量图应如图 4－4 所示，而现场在进行表计校核时实测的向量图如图 4－5 所示。可见，三相电压和三相电流均呈逆序，且电压和电流相别不对应。

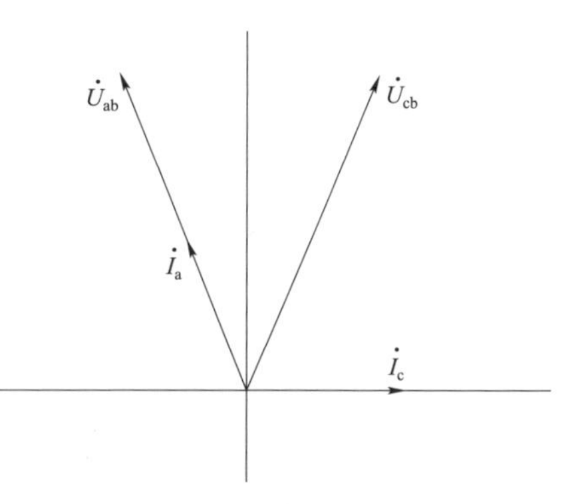

图 4－5　现场计量装置原接法向量图

逆序接法下，线电压滞后相电压 30°，等同于负载角 φ=30°。此时，对于错误接线情况，按照三相两元件功率测量原理计算可得实测有功和无功满足

$$\begin{cases} P = U_{ab}I_a\cos(30^\circ + 30^\circ) + U_{bc}I_c\cos(30^\circ - 30^\circ) = \dfrac{3}{2}UI \\ Q = U_{bc}I_a\cos(60^\circ - 30^\circ) + U_{ac}I_c\cos(120^\circ - 30^\circ) = \dfrac{\sqrt{3}}{2}UI \end{cases} \quad (4-3)$$

按照估算，T 接点后负荷可等效为纯容性负荷，大小约为 0.96Mvar。线电压有效值 U 按 35kV，则相电流有效值约为 15.8A。由此可得错误的接线方法下测得的有功大小约为 830kW，无功大小 479kvar（感性），而真实应当为约 960kvar 的纯容性无功。

在电压和电流相序都接反的情况下，如果相别对应则正确的向量关系如图 4-6 所示，此时负载角为$\varphi=-90°$，计算结果如式（4-2）所示，为纯容性负荷。

（4）问题处理。对比逆序条件下原接法和正确接法可知，现场错将计量装置 A 相接入了实际的 C 相电流，B 相接入了实际的 A 相电流，C 相接入了实际的 B 相电流。顺序调整一下电流接入端子，使得计量装置电流相与实际电流相对应，即可恢复电压、电流均逆序下的计量装置正确计量接线方法。

而正确的接法是要求电压、电流均接成正序且相别对应，其向量图如图 4-7 所示。

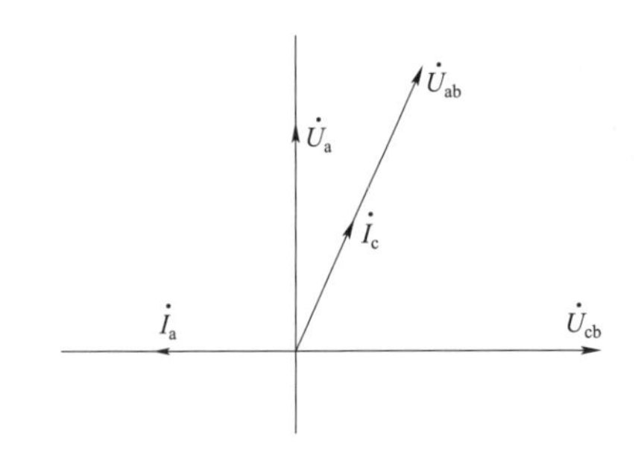

图 4-6　电压、电流均采用逆序且相别对应接法向量图

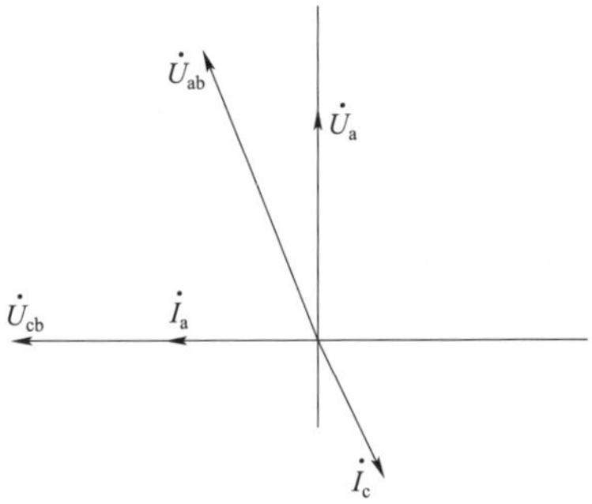

图 4-7　电压、电流均采用正序且相别对应接法向量图

4.1.3　小结

配网中采用三相两元件原理的计量装置在进行接线时，需注意以下问题：

应确保电压、电流相序的一致，可以均为正序或者均为逆序，建议统一采用常规的正序接法，不得出现电压、电流相序不一致的情况。

在正序条件下，相电压滞后线电压 30°，逆序条件下相电压超前线电压 30°，可根据相位表线电压向量位置判断对应相电压向量位置，再根据负载性质判断相电压和对应相相电流相位关系，从而确认计量装置的电流端子相是否与接入的实际电流相别对应。

计量装置电压、电流端子接入情况多种多样，现场接线时一定要认真核查。

4.2　四川 A 科技有限公司 10kV 高压电机跳闸事件

4.2.1　事件简述

2016 年 9 月 1 日 10:21，四川 A 科技发展有限公司（以下简称 A 公司）功率为 22 450kW 的 10kV 高压电动机在正常运行时发生跳车事故。在此期间，生产现场未做工艺负荷调整、未进行电气操作。事件发生时，B 供电公司 110kV 甲变电站 2 号主变压器正在进行空载合闸操作。

A 公司 110kV 乙变电站与 B 供电公司 110kV 甲变电站的连接方式如图 4－8 所示。

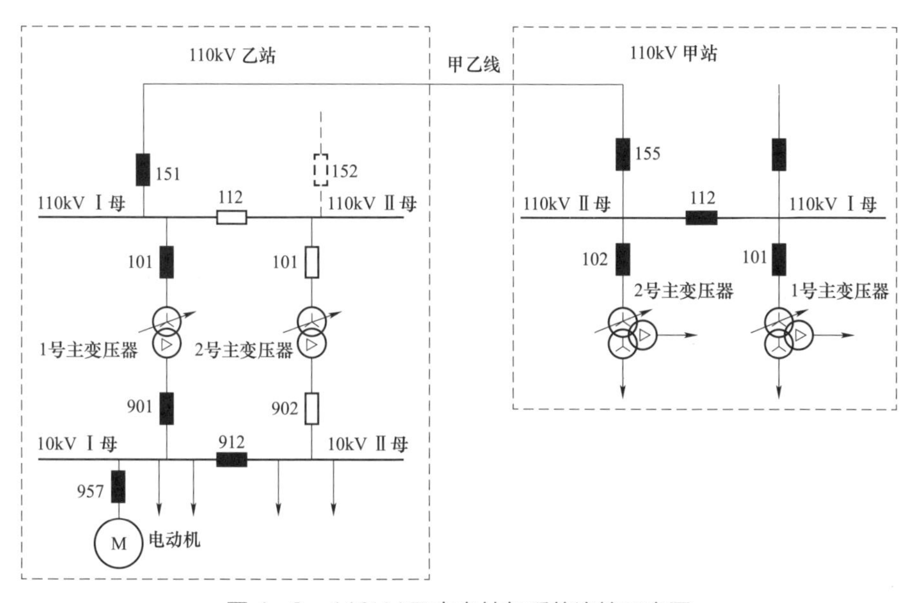

图 4－8　110kV 乙变电站与系统连接示意图

B 供电公司所属 110kV 甲变电站通过 110kV 甲乙线向 A 公司所属的 110kV 乙变电站供电，A 公司 10kV 957 高压电动机通过 957 开关与乙变电站 10kV Ⅰ母相连。

A 公司 10kV 957 高压电动机配置 ABB 公司的 REM620 电动机保护测控装置，现场投入的保护功能为：三相无方向过电流保护瞬时段（PHIPTOC1）、低值段（PHLPTOC1）、电机启动监视（STTPMSU1）、电机堵转保护（JAMPTOC1）、稳定差动保护（MPDIF1）等。

4.2.2 保护动作情况

2016年9月1日，A公司REM620电动机保护装置动作，装置面板上显示内容为：2016年9月1日，10:21:40:568，MPDIF1（差动保护）动作，动作相别为B相，动作时电流值见表4－2。

表4－2　REM620保护装置动作时电流值汇总

A相电流	B相电流	C相电流	A相制动电流	B相制动电流	C相制动电流	A相差动电流	B相差动电流	C相差动电流
$0.568I_n$	$0.636I_n$	$0.623I_n$	0.561p.u.	0.495p.u.	0.623p.u.	0.002p.u.	0.305p.u.	0.003p.u.

4.2.3 保护动作原因分析

1. 电机保护定值

10kV 957开关间隔电动机差动保护定值见表4－3。

表4－3　电动机差动保护定值

投退模式	最小动作电流	速动段动作值	斜率2	拐点1	拐点2	TA接线方式	直流分量闭锁投入	TA校正系数
投入	$0.25I_r$	$4.9I_r$	0.4	$0.5I_r$	$2.5I_r$	方式1	否	1

其中：

差动电流为

$$I_d = \left|\dot{I}_1 + \dot{I}_2\right| \tag{4-4}$$

制动电流为

$$I_b = \left|\frac{\dot{I}_1 - \dot{I}_2}{2}\right| \tag{4-5}$$

式（4－3）、式（4－4）中的$\dot{I}_1$、$\dot{I}_2$为电机首、末两端的电流。

REM620电机差动保护比率制动特性如图4－9所示。

2. 110kV乙变电站故障录波分析

2016年9月1日10:21:10，110kV乙变电站故障录波启动，记录的波形文件如图4－10所示。

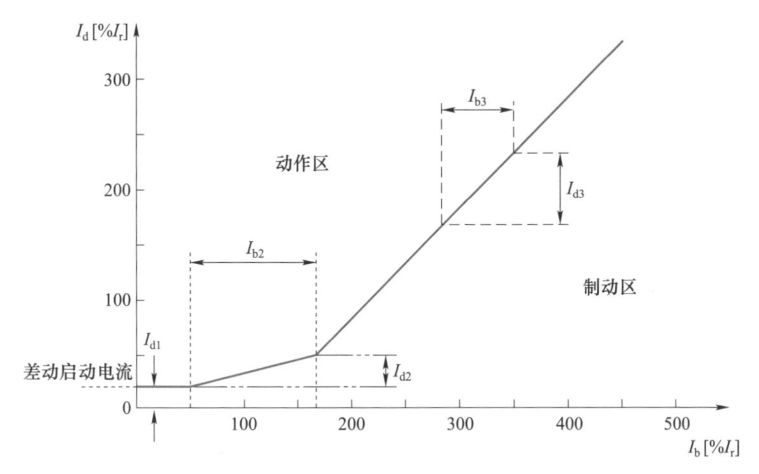

图 4－9　REM620 电机差动保护比率制动特性

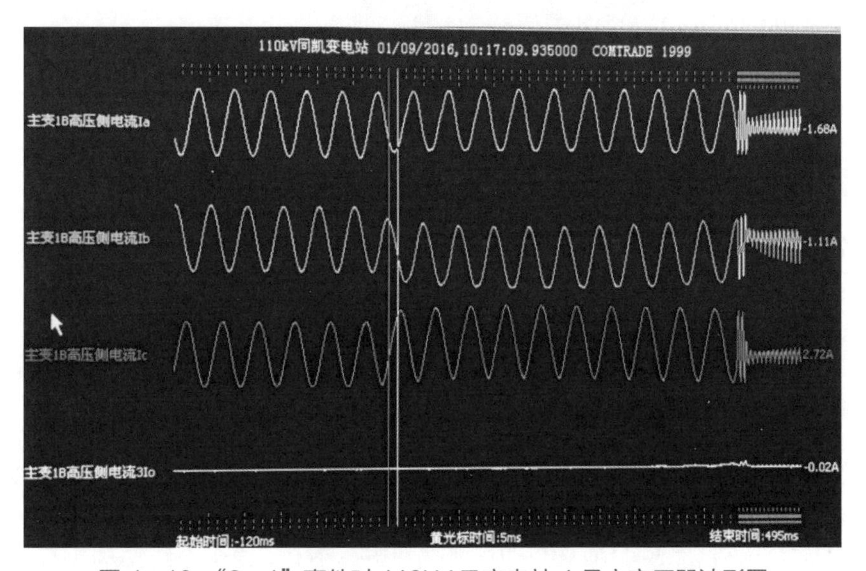

图 4－10　“9 · 1”事件时 110kV 乙变电站 1 号主变压器波形图

从图 4－10 可以看出，110kV 甲变 2 号主变压器空载投入后，110kV 乙变电站 1 号主变压器高压侧电流仅出现偏移，无短路故障特征。约 12 个周波后，1 号主变压器高压电流突然减小，原因是 10kV 957 高压电动机开关跳闸。

10kV 线路 957 间隔保护跳闸后，运维人员未及时提取保护动作波形文件。其后，因分析需要，运维人员准备从 REM620 电机保护装置提取 9 月 1 日的保护动作波形文件时，却发现波形文件已不存在。事件发生时的动作报告也已丢失。

根据事件发生时现场人员拍摄的有关保护动作的照片可知：2016 年 9 月 1 日 10:21:40:568，MPDIF1（差动保护）B 相动作，动作时的差动电流为 0.305p.u.、制动电流为 0.495p.u.。根据保护定值及图 4－9 所示的差动保护动作曲线，按此数值，比率差动保护动作行为正常。

3. 110kV 甲变电站故障录波分析

2016 年 9 月 1 日 10:21:14，110kV 甲变电站按调度要求，开展主变压器轮换运行倒闸操作，当空载投入 2 号主变压器后，故障录波启动，记录的波形如图 4－11 所示。

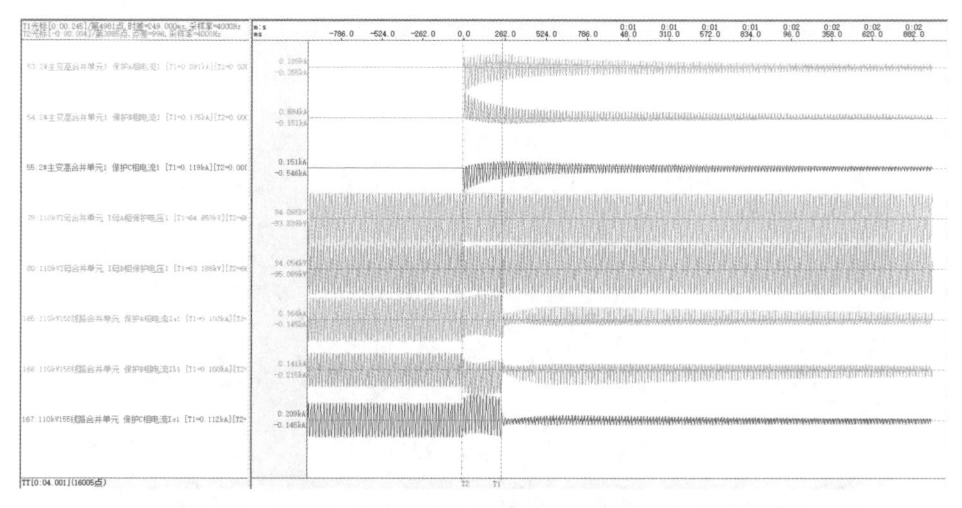

图 4－11　110kV 甲变电站 2 号主变压器空载投入时的波形图

从图 4－11 可以看出：2 号主变压器空载投入后，其励磁涌流突增，其后按时间常数逐渐衰减，110kV 母线电压未见异常变化。由于系统结构比较薄弱，110kV 155（甲乙线）及其他支路电流出现偏移，无短路故障特征。在 249ms 时（如图 4－11 中的 T2 曲线），110kV 155（甲乙线）电流突然减小，原因是乙变电站电动机跳闸负荷减小。

从图 4－10 和图 4－11 中可以看出，甲变电站 110kV 155 甲乙线电流波形与乙变电站 1 号主变压器高压侧波形基本一致，对于乙变电站 10kV 957 开关间隔的电动机，此电流是一个穿越性的电流。

注：当变压器全电压充电时，会在其绕组中产生较大幅值的暂态电流（俗称励磁涌流）。励磁涌流的大小与变压器投入时系统电压的相角、变压器铁芯的剩余磁通和电源系统阻抗等

因素有关。变压器励磁涌流中含有直流分量和高次谐波分量，随时间衰减，其衰减时间取决于回路电阻和电抗，一般大容量变压器为 5～10s，小容量变压器约为 0.2s。

4. REM620 电机保护装置记录的其他波形文件分析

现场调查时发现：10kV 957 高压电机首端（开关柜处）电流互感器采用 ABB 公司提供的产品（型号：LZZBJ9）、差动保护用绕组测量精度等级为 5P20，电机末端电流互感器采用 GE 公司提供的产品（型号：TCS12M11G）、差动保护用绕组测量精度等级为 5P10，非同型号的电流互感器用于差动保护有可能因特性差异而在暂态过程中产生差流。为此，根据 REM620 保护装置记录的历史波形，对不同负荷条件下电机的差流进行分析，结果如下：

（1）电机正常运行时，保护装置测量的电机首、末端电流基本一致，合成差流很小，差流如图 4－12 中的通道 65～67 所示。

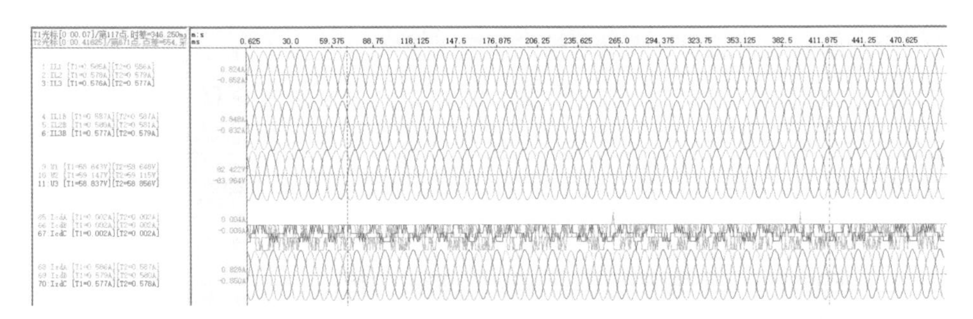

图 4－12　电机正常运行时，用保护装置录波文件首末端电流计算的差流

（2）电机负荷调整时，保护装置测量的电机首、末端电流有增大现象，合成差流的幅值有所增加，差流的大小与负荷变化幅值、变化初始相角相关，衰减速度较快，差流如图 4－13 中的通道 65～67 所示。

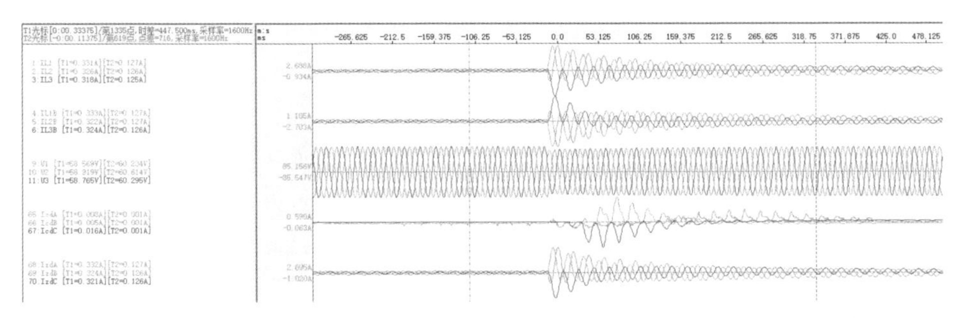

图 4－13　电机负荷调整时，用保护装置录波文件首末端电流计算的差流

（3）电机启动时，由于启动电流较大，且伴随有大量的暂态分量电流，差流数值较大且衰减较慢，差流如图 4－14 中的通道 65～67 所示。

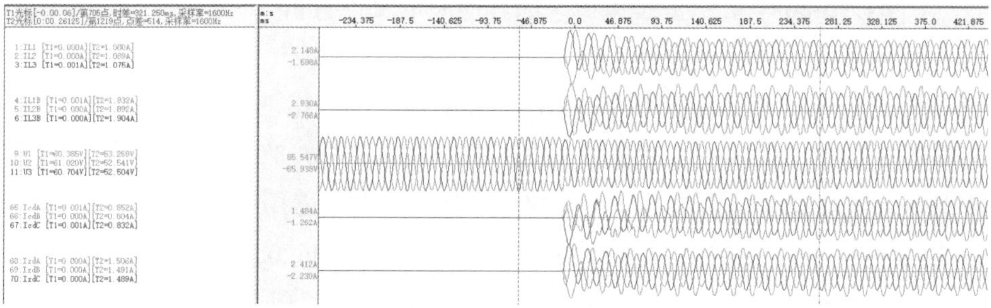

图 4－14　电机启动时，用保护装置录波文件首末端电流计算的差流

从图 4－12～图 4－14 中可以看出：电机负荷稳定时，流过电机的电流相对启动时的电流数值较小（无暂态分量），由于电机两端 TA 的稳态特性基本一致，保护装置测量的电机两端电流的计算差流接近于 0；当电机负荷变化时，流过电机的电流增大（含有大量的暂态分量），由于电机两端 TA 的暂态特性不一致，保护装置测量的电机两端电流的计算差流不为 0，差流的大小与负荷的变化量相关，也与负荷变化时刻的相位角有关，此时，存在差动保护误动的风险。

5. REM620 电机保护装置记录的记录文件分析

REM620 电机保护装置为微机型保护装置，具有较强的存储及记录能力。但从保护装置导出的波形记录文件看，2016 年 8 月 3 日～9 月 11 日共保存了 24 个波形文件，唯独缺少 9 月 1 日电机差动保护动作时的波形文件。从装置导出的波形记录文件看，装置记录最久远的变位时间是 2015 年 3 月 31 日 9:04:39:718；最近的变位时间是 2016 年 10 月 12 日 18:38:34:005；但缺少 2016 年 2 月 4 日 15:02:22:032 至 2016 年 9 月 1 日 13:56:43:409 期间的所有变位记录（包括 9 月 1 日的差动保护动作变位）。

6. 分析结论

综上所述，110kV 甲变电站空载投入 2 号主变压器时所产生的励磁涌流是 110kV 乙变电站 10kV 高压电机跳闸事件的诱因；A 公司 10kV 高压电机两侧 TA 特性不一致（有极大可能引起电机差动保护误动）应该是本次 10kV 高压电机跳闸事件的主因。

另外，由于未提取到 9 月 1 日电机保护装置跳闸时波形文件，不能排除其他保护元件动作导致电机开关跳闸。在此种情况下，电机保护装置有可能存在逻辑配置错误，从而导致其他保护动作驱动差动保护动作信号的问题。

4.2.4　暴露的问题

（1）A 公司高压电机差动保护用电流互感器配置不合理，未正确使用 GE 公司提供的成套电流互感器产品，致使高压电机差动保护用电流互感器绕组特性不一致，给电机差动保护误动留下了隐患。

（2）施工单位未严格执行按图施工，电机差动保护的高压端（电机进线侧）TA 接入 5P20 绕组、电机中性点侧接入 5P10 绕组。

（3）REM620 保护装置记录文件（动作波形、操作记录）存在丢失现象，造成本次事故后分析困难。

4.2.5　整改措施

（1）及时将电机首端（开关柜内）TA 更换为 GE 公司提供的 TA（与电机中性点侧 TA 同型号），避免因 TA 特性不一致产生差流。同时开展对乙变电站 10kV 母线短路电流水平计算工作，核算保护用 TA 绕组的准确限值电流倍数是否与系统短路水平相匹配。

（2）组织开展对 REM620 保护装置动作逻辑的清理工作，并对装置各保护功能进行全面的试验验证。

（3）110kV 乙变电站已投运 1 年多，事件分析中未见首检试验报告；若未开展，宜即时组织开展首检工作，避免设备性能下降或基建遗留问题给电网安全稳定运行造成隐患。

4.3　风电场 AVC 子站与 SVG 协调控制问题案例

风电场 AVC 子站作为风电场无功电压的综合控制系统，统一协调控制风电机组、动态无功补偿装置、并联电容器/电抗器、变压器等调节设备，以平抑电压波动，提高电压合格率。为保证风电场 AVC 子站安全可靠运行，验证其功能是否符合 Q/GDW 11274—2014《风电场无功电压自动控制技术规范》等技术标准的要求，本小节开展风电场 AVC 子站 RTDS 动态仿真试验。试验基于 A 风电场为原型构建的 RTDS 仿真平台，在该平台上开展 AVC 子站检测。A 风电场总装机容量 148.5MW，分三期投入，一期：1、2、3 号集电线路，33 台 1.5MW 风机，装机容量 49.5MW，目前已投入运行；二期：4、5、6 号集电线路，24 台 2MW 风机及 1 台 1.5MW 风机，装机容量 49.5MW；三期：7、8、9 号集电线路，24 台 2MW 风机及 1 台 1.5MW 风机，装机容量 49.5MW。

4.3.1 基于 RTDS 的 A 风电场 AVC 子站检测平台

基于 RTDS 仿真平台搭建风电场 AVC 子站检测平台，平台整体结构如图 4－15 所示。

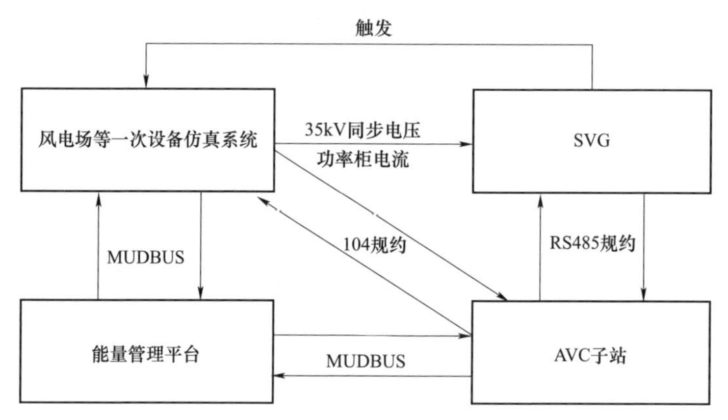

图 4－15 基于 RTDS 仿真平台的风电场 AVC 子站检测平台整体结构图

能量管理平台管理风电场 40 台风机，平台通过 MUDBUS 规约与 RTDS 仿真系统实现通信；该平台同样通过 MUDBUS 规约与 AVC 子站连接实现数据互联，接收 AVC 子站下发无功调节命令；变电站遥测、遥控、遥调信号以及仿真 SVG 控制器的无功指令、实时无功值通过 RTDS 的 104 规约实现通信；AVC 子站与实际 SVG 控制器通过 RS485 进行通信，接收子站下发的功率调节命令，同时上传 SVG 无功功率值；SVG 控制器输入电网同步电压信号、功率柜电流信号，根据 AVC 无功调节指令输出调制信号控制 SVG 无功输出。

4.3.2 试验项目

风电场 AVC 子站试验项目如下：

（1）遥测遥调检测。

（2）AVC 采样精度检测。

（3）母线电压死区精度检测。

（4）AVC 调控母线电压能力检测。

（5）主变压器分接头控制策略检测。

（6）稳态下被控设备间控制顺序检测。

（7）稳态下无功环流检测。

（8）暂态下 AVC 与被控设备配合检测。

（9）远方就地切换后 AVC 动作策略检测。

（10）告警及闭锁功能检测。

（11）统计功能检测。

4.3.3 试验定值

试验定值见表 4－4。

表 4－4 AVC 系统定值

序号	定值项	数值	单位	范围
1	母线额定电压	220	kV	210.0～242.0
2	无功功率调节周期	90	s	0.02～300.0
3	母线电压调节死区	0.3	kV	0.1～10.0
4	母线电压最大步长	2.5	kV	0.1～10.0
5	母线电压高限闭锁	240	kV	210.0～250.0
6	母线电压低限闭锁	210	kV	210.0～250.0
7	系统阻抗最大值	45	Ω	10.0～1000.0
8	系统阻抗最小值	10	Ω	1.0～1000.0
9	母线电压调节速率	1	kV/min	0.0～10.0
10	母线电压采样速率	1	次/s	—
11	与主站通信中断确认时间	5	min	5.0～30.0
12	风电场额定容量	80	MW	0.0～400.0
13	机群数量	2		1.0～6.0
14	无功补偿装置数量	2		0.0～4.0
15	SVG 可调容量系数	1		0.0～1.0

续表

序号	定值项	数值	单位	范围
16	与母线参考电压偏差限值	1	kV	0.1～20.0
17	电压越限闭锁恢复阈值	1	kV	0.0～10.0
18	主 SVG 编号	1		0.0～4.0
19	SVG1 最大可发无功	8	Mvar	−500.0～500.0
20	SVG1 最大可吸收无功	−8	Mvar	−500.0～500.0
21	SVG2 最大可发无功	9	Mvar	−500.0～500.0
22	SVG2 最大可吸收无功	−9	Mvar	−500.0～500.0
23	SVG 无功步长	5	Mvar	0.0～20.0
24	厂用电 1 母线高限闭锁	38	kV	0.0～500.0
25	厂用电 1 母线低限闭锁	32	kV	0.0～500.0
26	厂用电 2 母线高限闭锁	38	kV	0.0～500.0
27	厂用电 2 母线低限闭锁	32	kV	0.0～500.0
28	无功增闭锁死区	1	MW	0.0～50.0
29	无功减闭锁死区	1	MW	0.0～50.0
30	并列主变压器数量	2		0.0～4.0
31	分接头电压调整率	1.25		0.0～10.0
32	主变压器分接头允许调档上限	17		0.0～50.0
33	主变压器分接头允许调档下限	1		0.0～50.0
34	主变压器额定电压	242	kV	0.0～500.0
35	分接头动作完成时间	30	s	0.0～100.0
36	分接头动作间隔时间	60	s	0.0～100.0
37	分接头动作限制次数	10		0.0～100.0
38	有功不平衡限制	80	kW	—
39	无功不平衡限制	80	kvar	—

4.3.4 试验中发现的问题并需要进行整改部分

试验中发现的问题及整改汇总表见表 4−5。

表 4－5　　试验中发现的问题汇总表

序号	发现的问题	依据的标准条款	依据标准
1	AVC 子站没有自动下发省调电压曲线定值的功能，省调下发的日电压曲线无法完成输入	5.2.2　默认曲线模式：由调度控制中心离线制定风电场的无功/电压运行曲线，并自动下发到风电场，由风电场无功电压自动控制跟踪执行； 6.1.2　在就地控制方式下，风电无功电压自动控制子站按照预先给定的风电场并网点电压曲线进行控制	Q/GDW 11274—2014《风电无功电压自动控制技术标准》
2	AVC 不具备调节变压器档位策略	6.2.1　控制对象是风电场内的各类无功调节装置，包括但不限于：风电机组，动态无功补偿装置，升压站的电容器、电抗器、有载调压主变压器。 6.2.3　控制约束。 （1）升压站各级母线电压上下限约束； （2）升压站内电容器、电抗器、分接头等设备的动作次数、动作时间间隔等约束	Q/GDW 11274—2014《风电无功电压自动控制技术标准》
3	厂家提供的风电场 AVC 子站，没有 2 台主变压器需要的协调控制策略	同序号 2 依据的标准条款	Q/GDW 11274—2014《风电无功电压自动控制技术标准》
4	风机优先方式下，电压达到省调下发的目标电压范围时，风机无功功率不能置换 SVG 的无功功率	6.3.2　在电网稳态条件下，风电无功电压自动控制子站应通过调节风电机组的无功出力，将动态无功补偿装置已经投入的无功置换出来，使得无功补偿装置预留合理的动态无功储备裕度	Q/GDW 11274—2014《风电无功电压自动控制技术标准》
5	无功控制策略中只有风电场优先策略，没有 SVG 优先策略选项	6.2.2　通过协调风电场内的各类无功调节设备，在保证场内各风电机端电压不越限的基础上，实时追踪主站下发的控制指令、风电机组及有载调压变压器等，在保证站内各级电压不越限前提下，抑制风电波动对并网点电压的影响，并兼顾风电场内的无功合理分布、动态无功补偿设备保留合理的无功储备	Q/GDW 11274—2014《风电无功电压自动控制技术标准》
6	AVC 调节过程中若系统发出闭锁指令，AVC 系统继续调节，不能实施闭锁	6.3.3　当设备出现异常时应能自动闭锁，退出自动控制	Q/GDW 11274—2014《风电无功电压自动控制技术标准》
7	当母线电压发生跌落，故障前 SVG 如果是感性无功，故障后不能提供容性无功电流	5.3.3　自并网点电压跌落时刻起，动态无功响应时间不大于 75ms，无功电流注入持续时间应不少于该低压持续的时间。 6.3.2　在电网暂态情况下，风电机组和动态无功补偿装置可以自主动作，快速调节无功	Q/GDW 1878—2013《风电场无功配置及电压控制技术标准》 Q/GDW 11274—2014《风电无功电压自动控制技术标准》

续表

序号	发现的问题	依据的标准条款	依据标准
8	风机能量管理平台及 AVC 子站不能分母线发送或接受风机无功功率，而是按照全场发送，在 35kV 分段运行时，有可能造成 35kV 母线电压过调	6.3.2　风电无功电压自动控制子站应能协调风电场机组和动态无功补偿状态，避免风电机组和动态无功补偿装置之间的不合理流动	Q/GDW 11274—2014《风电无功电压自动控制技术标准》